TABLES

DICHOTOMIQUES

POUR SERVIR A LA

DÉTERMINATION DES FAMILLES & DES GENRES

DES

COLÉOPTÈRES DE BELGIQUE

D'APRÈS

L. REDTENBACHER

* * *

BRUXELLES

GUSTAVE MAYOLEZ, Libraire-Éditeur

3, RUE DE L'IMPÉRATRICE, 3

1884

TABLES

DICHOTOMIQUES

TABLES

DICHOTOMIQUES

POUR SERVIR A LA

DÉTERMINATION DES FAMILLES & DES GENRES

DES

COLÉOPTÈRES DE BELGIQUE

D'APRÈS

L. REDTENBACHER

———◆◦◆———

BRUXELLES

GUSTAVE MAYOLEZ, Libraire-Éditeur

13, RUE DE L'IMPÉRATRICE, 13

—

1884

INTRODUCTION.

On donne, en général, le nom d'insectes à une catégorie d'animaux dont le corps articulé est divisé en trois parties principales, muni de trois paires de pattes et ordinairement pourvu d'ailes. Avant d'arriver à l'état parfait, c'est-à-dire d'être capables de propager leur espèce, les insectes doivent subir plusieurs transformations. On peut partager leur existence en quatre périodes distinctes : l'œuf, la larve, la nymphe et l'insecte parfait.

La femelle, peu de jours après la fécondation, pond des œufs et elle les dépose presque toujours sur les objets qui, plus tard, devront servir de nourriture aux jeunes larves. Dès que les conditions de l'incubation sont favorables, conditions dans lesquelles la chaleur de l'atmosphère joue un grand rôle, il sort de l'œuf une jeune larve de forme souvent très variable. Il y a peu d'exceptions à cette règle; cependant, chez les pucerons et quelques mouches, les œufs éclosent lorsqu'ils se trouvent encore dans le corps de leur mère. Les larves, sous le rapport de leur forme, présentent deux divisions bien marquées : quelquefois presque en tout semblables à l'insecte parfait, elles ne s'en distinguent que par l'absence d'ailes; d'autres fois, la larve se présente sous forme d'un ver articulé, muni ou privé de pattes, mais toujours de forme très différente de celle qu'aura l'insecte parfait.

Dans le premier cas, comme il n'y a réellement pas d'autre transformation que celle résultant d'un simple changement de peau, on a donné à cette catégorie le nom d'*insectes à métamorphose incomplète*; dans le deuxième cas, on les a nommés *insectes à métamorphose complète*, et c'est dans ce dernier ordre que se trouvent compris les *Coléoptères*.

Les larves de coléoptères se composent ordinairement d'un corps cylindrique terminé par une tête. Le corps se compose de treize anneaux plus ou moins distincts, quelquefois dépourvus de pattes et souvent munis de trois paires de pattes implantées sur l'anneau qui confine à la tête. Souvent ces larves sont munies d'antennes, qui sont toujours très courtes, composées d'un petit nombre d'articles, et toujours très différentes des antennes de l'insecte parfait. Les yeux ou manquent totalement ou sont remplacés par des yeux auxiliaires qui se présentent sous forme de petits points, dont le nombre et la disposition varient suivant les familles. Le temps que passent les coléoptères à l'état de larves est très variable, mais il est, dans tous les cas, plus long que la vie de ces insectes à l'état parfait. Chez les espèces qui se nourrissent de feuilles, cet état de larve ne dure que quelques semaines, tandis que, chez d'autres espèces, il peut durer plusieurs années. Avant d'atteindre toute sa taille, la larve est obligée de changer plusieurs fois de peau. Avant chaque mue, elle cesse de manger et se tient immobile; au bout de peu de temps, sa peau se fend longitudinalement sur le dos et, après que la larve s'en est débarrassée, elle se remet à manger avec d'autant plus d'avidité que, pendant un certain temps, elle a été privée de nourriture. Au bout de trois ou quatre mues, la larve ayant atteint toute sa taille, se transforme en nymphe.

Les nymphes de coléoptères se trouvent soit libres et découvertes, soit enveloppées dans un cocon que la larve a filé avant de se transformer. Elles sont immobiles et incapables de prendre de la nourriture.

Au bout de plus ou moins de temps, le coléoptère sort de sa nymphe et se montre alors composé de trois

parties bien tranchées : la tête, le thorax et l'abdomen,
que nous allons examiner successivement.

LA TÊTE.

La tête, selon les espèces, est de forme variable;
elle peut être ronde, triangulaire, quadrangulaire ou
cordiforme. Lorsqu'elle est conformée de manière que
ses bords dépassent la bouche, on appelle l'espace compris entre les yeux et son extrémité le *chaperon*
(clypeus). Lorsqu'au contraire la forme de la tête est
normale, laissant la bouche à découvert, on nomme
cette même partie le *front* (frons). La partie de la tête
qui se trouve derrière les yeux se nomme le *vertex*,
et l'ensemble de ces parties formant le dessous de la
tête se nomme la *gorge* (gula).

Lorsque la tête est attachée de manière à sortir
complètement du thorax, auquel elle tient comme par
une espèce de col, on la dit *dégagée* (Anthicus, Meloë,
Leptura); on la nomme *engagée* lorsque sa partie postérieure est cachée par le thorax (Carabus); *retirée*
lorsque cette partie recouverte s'étend jusqu'au front
(Anobium), et enfin *cachée* lorsqu'elle se trouve entièrement recouverte par le thorax (Cassida).

Lorsque la tête, vue de côté, ne forme point d'angle
sensible avec l'axe du corps, on la dit *horizontale*. On

la dit *penchée* lorsqu'elle forme avec cet axe un angle obtus, *verticale* lorsque cet angle est droit et *infléchie* lorsque cet angle est *aigu*.

Les seules parties de la tête intéressantes au point de vue de la classification sont : les yeux, les antennes et les organes de la mastication.

LES YEUX.

On donne le nom d'yeux à des protubérances plus ou moins grandes qui se trouvent placées sur les côtés de la tête de la plupart des coléoptères. Ces yeux sont ordinairement noirs, et leur surface est formée d'un grand nombre de facettes. Indépendamment des yeux vrais, il se trouve chez quelques genres, comme les Omalium et les Claviger, de petites élévations noires, mais sans facettes, placées sur le front ou sur le vertex, et qui se nomment *ocelles* ou *yeux auxiliaires*. Jusqu'à présent, on ne connaît qu'un fort petit nombre d'espèces de coléoptères totalement dépourvus d'yeux; chez la plupart, ces organes sont visibles, de forme variable et d'insertion différente. Sous le rapport de la forme, ils sont ronds, ovales ou réniformes, et même, chez quelques Capricornes, ils sont tellement échancrés qu'ils sont réellement divisés en deux parties.

Chez d'autres espèces, une arête cornée, partant de

l'extrémité du chaperon, les divise en deux, comme chez les Lucanus, les Geotrupes et les Gyrins, ce qui fait que ces espèces paraissent posséder quatre yeux. Les yeux vrais sont toujours placés sur les côtés de la tête, tantôt un peu plus haut, tantôt un peu plus bas. Eu égard à leur position, on les dit *rapprochés* lorsqu'il sont près l'un de l'autre et *écartés* lorsqu'ils sont éloignés. Lorsque, comme chez les Cicindèles, ils forment une forte proéminence, on les dit *proémi-nents.*

LES ANTENNES.

Les antennes sont ordinairement insérées sur le sommet de la tête, et alors leur article basilaire est découvert. Quelquefois elles se trouvent placées sur les côtés et en dessous de la tête, et leur article basilaire est recouvert par un rebord latéral de la tête, comme chez les Melolontha, les Tenebrio, etc.

Chez les espèces de coléoptères dont la partie anté-rieure de la tête est allongée sous forme de trompe ou de bec, les antennes méritent une mention spéciale. Lorsque les antennes sont insérées vers le bout de la trompe, on donne à ces familles le nom de *bréviros-tres;* si elles sont insérées vers le milieu de la trompe, on les appelle *longirostres.* Dans la plupart des espèces de ces familles, la trompe porte sur chacun des côtés une petite cavité ou rigole, de direction variable, qu'on nomme *scrobe* et servant à loger une partie de l'antenne. Ces rigoles existent également chez d'autres espèces d'insectes, mais alors elles sont situées soit au-dessous de la tête, soit sur le prothorax (Agrypnus, Platysoma, Nitidula, etc.).

On divise les antennes en deux sections principales : les *égales* (æquales) et les *inégales* (inæquales). Dans le premier cas, elles sont composées d'articles à peu près de même grandeur et de forme semblable; dans le second cas, elles sont composées d'articles de forme différente.

Parmi les antennes égales, on distingue les formes suivantes :

1° *Sétacées*, quand elles diminuent graduellement d'épaisseur de la base au sommet (Carabus, Dytiscus);

2° *Filiformes*, lorsqu'elles offrent la même épaisseur dans toute leur longueur, étant formées par des articles cylindriques ou en cônes renversés (*obconiques*) (Cicindela);

3° *Moniliformes*, lorsqu'elles sont composées en totalité, ou du moins en majeure partie, d'articles ronds, globuleux, rappelant la disposition des grains d'un chapelet (Tenebrio);

4° *Imbriquées*, quand leurs articles sont concaves d'un côté, convexes de l'autre et, par suite, se recouvrent en partie mutuellement; on peut encore les définir : quand chaque article forme un cornet et que la pointe de l'article suivant entre à moitié dans la concavité de l'article précédent (Prionus);

5° *Serriformes* ou en scie (serratæ), lorsque les articles aplatis et triangulaires sont assemblés de manière à former sur l'un des côtés une espèce de scie (Dasytes);

6° *Pectinées*, quand leurs articles sont prolongés d'un côté, de manière à former des espèces de dents longues et parallèles, comme celles d'un peigne (Ludius, Corymbites);

7° *Flabellées*, quand les articles, sauf toutefois ceux de la base, sont prolongés en forme de longs rameaux comprimés. Ce genre d'antennes appartient surtout à celles terminées en une massue, qui est alors composée de plusieurs feuillets pouvant se replier et se déplier à la façon d'un éventail, comme les antennes des hannetons (Rhipidius).

Les antennes égales comprennent encore d'autres formes; mais comme elles sont moins essentielles au point de vue de la détermination des espèces, nous n'en parlerons pas ici.

Parmi les antennes inégales, on remarque les antennes :

1° *Géniculées*, celles qui sont brisées et qui forment

un genou. Le premier article, ordinairement long et que l'on nomme le *scape*, forme un coude avec le reste de l'antenne qui se compose de deux parties : l'une, plus mince, appelée *fouet* ou *funicule*, et l'autre en forme d'une massue qui termine celui-ci (Curculionides);

2° *Épaissies*, quand elles grossissent graduellement de la base vers le sommet, comme chez la plupart des Silpha (Mycetophagus);

3° *Fusiformes*, lorsqu'elles sont atténuées à leurs deux extrémités et épaissies dans leur milieu (Sarrotrium);

4° *En massue* (clavatæ ou capitatæ), lorsqu'elles sont terminées par des articles plus gros, formant une espèce de bouton ou tête, de forme ronde ou allongée. Cette forme en massue peut être classée en plusieurs divisions; selon la manière dont ses articles sont groupés, on la dit :

1° *Solide*, quand elle n'offre qu'un article distinct ou que les divers articles qui la composent sont intimement soudés de manière à n'être que très difficilement distingués (Hister);

2° *Fissile* ou *lamellée*, lorsqu'elle est formée de lames ou feuillets parallèles qui peuvent s'ouvrir ou se fermer comme les feuilles d'un livre (Melolontha);

3° *Tuniquée*, quand le premier article est creux et

renferme les suivants, qui sont également l'un dans l'autre (Lethrus);

4° *Fendue*, lorsque les articles, séparés les uns des autres, forment une espèce de scie (Lucanus).

Enfin, on appelle antennes *anormales* ou *irrégulières* celles de forme bizarre et qui ne peuvent se ranger dans aucune des catégories précédentes. Ces irrégularités se manifestent surtout dans les articles de la base, qui sont alors ordinairement plus grands que les autres (Heterocerus, Parnus).

LA BOUCHE.

La bouche, chez les coléoptères, se compose de six parties principales, qui sont : le *labre* ou lèvre supérieure ; le *labium* ou lèvre inférieure, qui elle-même se divise en trois parties principales, dont il sera parlé plus loin ; les deux *mandibules* ou mâchoire supérieure, et les diverses parties qui composent la mâchoire inférieure, désignées simplement sous le nom de *mâchoires*.

Ces six éléments de la bouche se trouvent chez tous les coléoptères et ne varient en forme et en substance que dans quelques familles isolées; pour en donner une description détaillée, nous prendrons pour exemple la bouche d'un genre d'insectes où elle est de forme normale et parfaitement développée (Carabus, Cicindela).

LE LABRE.

Le labre est la lèvre supérieure qui clot la bouche par au-dessus. Il affecte diverses formes et peut être demi rond, carré ou rectangulaire. Son bord antérieur est tronqué, c'est-à-dire coupé en ligne droite, échancré comme chez les Carabus; denté ou trilobé, c'est-à-dire avec deux échancrures en demi-cercle (Procrustes). Quelquefois il est tellement profondément échancré, qu'il paraît divisé en deux parties. Dans les familles que nous avons prises pour exemple, le labre est grand et bien *distinct*; mais, dans d'autres familles, il est totalement recouvert par le bord antérieur du chaperon et souvent difficile à distinguer; on le dit alors *caché*.

LES MANDIBULES.

Les mandibules sont implantées sur les côtés de la bouche et immédiatement sous le labre; elles se composent de deux crochets (un de chaque côté), de substance cornée, concaves et souvent dentés à leur côté intérieur. Les mandibules sont assemblées de telle manière qu'elles peuvent s'écarter et se rapprocher dans le sens horizontal, comme feraient les deux mâchoires d'une tenaille.

Chez les espèces qui se nourrissent de végétaux,

les mandibules sont souvent divisées en quatre dents et plus, qui, elles-mêmes, sont quelquefois dentelées (Epilachna globosa). Chez d'autres espèces, qui se nourrissent de substances molles ou liquides, la partie intérieure des mandibules se compose d'une peau molle (Coprides, Aphodiens, Cétoines). Quelquefois la partie inférieure des mandibules est tapissée d'une membrane garnie de cils, qui, vers la pointe, s'écarte des mandibules et s'en trouve totalement séparée (Aléochares).

Cette partie de la bouche est très proéminente chez quelques familles (Lucanides); chez d'autres, elle est recouverte par le labre (Melolontha).

LES MACHOIRES.

Les mâchoires se trouvent placées sous les mandibules et se meuvent de la même façon; comme les mandibules, elles se composent de deux pièces identiques occupant chacune l'un des côtés de la bouche. Chaque mâchoire est composée de trois pièces plus ou moins prononcées. La pièce qui la rattache à la tête, dans un sens oblique à celle-ci, se nomme le *gond* ou *pivot* (cardo). Cette pièce est ordinairement courte et supporte la deuxième pièce, appelée *stipe* ou *tige*. La tige est ordinairement assez grande, et c'est sur elle qu'est implanté le palpe maxillaire. Elle supporte à l'intérieur la troisième pièce, appelée *lobe*, qui, elle-même, est, la plupart du temps, divisée en lobe externe et lobe interne. Souvent le lobe externe est prolongé en un palpe qui, lui-même, chez la Cicindèle, est terminé par une dent. Quelquefois il n'y a qu'un lobe de substance cornée et denté (Melolontha), ou garni d'une membrane ciliée (Aphodius, Copris).

LES PALPES MAXILLAIRES.

Nous avons dit que ces organes sont placés sur le côté extérieur de la tige; ils se composent de quatre articulations, rarement de trois. Chaque mâchoire n'a habituellement qu'un seul palpe, excepté chez les Carabes, les Cicindèles et les Dytisques, où le lobe extérieur se trouve transformé ou prolongé en un deuxième palpe à deux articulations.

Comme les antennes, les palpes peuvent être de différentes formes; ils peuvent être filiformes, épaissis ou coniques; dans ce dernier cas, leurs articles sont assemblés comme les tubes d'une lunette d'approche.

C'est le dernier article des palpes qui est le plus intéressant au point de vue de la classification; il peut être *cylindrique, filiforme, sétacé, en massue,* etc., termes qui ont été expliqués à propos des antennes; il peut encore être *sécuriforme,* c'est-à-dire fortement et obliquement tronqué au sommet, prolongé en dedans et ressemblant plus ou moins au fer d'une hache, *lunulé*, c'est-à-dire arrondi d'un côté et tronqué ou échancré de l'autre comme une demi-lune, *subulé* ou très petit et très aigu comme une soie ou la pointe d'une alène, *cultri-forme*, c'est-à-dire long et aplati et terminé d'un côté par un bord tranchant, et enfin *fasciculé* lorsque cet article est terminé par un faisceau de poils.

Chez quelques genres, les palpes sont très courts, comme chez les Curculionides; chez d'autres, au contraire, ils dépassent les antennes en longueur (Hydrophilides).

LE LABIUM.

Le labium ou lèvre inférieure est cette partie située sous les mâchoires et qui ferme la bouche par le bas. Il se compose de deux parties principales, qui sont le *menton* et la *languette*. Le menton est attaché à la gorge par une membrane élastique, il est formé habituellement d'une substance cornée; rarement rond, il est ordinairement plus large que long, son bord antérieur est, le plus souvent, coupé droit, ou échancré en demi-cercle, dans le milieu duquel, chez certaines familles (Carabiques), se trouve une dent plus ou moins longue, pouvant même atteindre l'extrémité des lobes de la mâchoire. Cette dent, qui est souvent un caractère distinctif important, affecte des formes diverses et peut se trouver divisée au bout.

La languette est presque toujours membraneuse, et se trouve fixée à la partie inférieure du menton, que celui-ci recouvre quelquefois, mais qui souvent est dépassée par elle. Au milieu, ou sur les côtés de la languette, sont fixés les *palpes labiaux*, qui peuvent prendre les mêmes formes que les palpes maxillaires, et que l'on désigne de la même manière. Ils sont formés de deux, trois ou quatre articles, et sont dits inarticulés lorsque ces articles sont presque invisibles. Chez les espèces où la languette est peu développée, les palpes labiaux sont fixés sur le menton (Cetonia, Melolontha).

Quelquefois la languette est formée de substance cornée; mais, le plus souvent, elle est formée de substance molle et membraneuse. Son bord antérieur est tronqué, droit ou échancré, ou divisé en deux ou plusieurs lobes, ou arrondi avec ou sans prolongement, qui peut lui-même être plus ou moins échancré ou divisé. Des deux côtés de la languette, il n'est pas rare de voir s'avancer deux petites pointes ciliées, que l'on nomme *paraglosses*.

LE THORAX.

Le thorax est la deuxième division du corps des coléoptères. Sa partie supérieure se nomme *pronotum*, celle correspondante en dessous, *prosternum*. Le premier est toujours formé de substance cornée, tandis que le deuxième, à partir des pattes antérieures et vers l'arrière, est formé de substance membraneuse chez beaucoup d'espèces. Ces deux parties, à leur jonction sur les côtés, forment une arête plus ou moins vive; cependant, dans quelques familles, par exemple les Cérambycides, cette arête ne peut se distinguer, les côtés étant arrondis. On appelle *sommet* du thorax le côté qui touche à la tête, et *base* le côté opposé; le milieu du pronotum se nomme le *disque*. Le prosternum ne présente pas de caractères essentiels au point de vue de la détermination, si ce n'est l'ouverture où sont implantées les pattes antérieures, et surtout la manière dont il est relié au mésosternum; car, dans beaucoup de coléoptères, le prosternum est muni d'une pointe qui correspond à une fosse du mésosternum, ce qui permet au thorax de s'élever, mais lui défend de se courber vers le bas (Elater, Dytisque).

LE TRONC.

Le tronc est la troisième partie des coléoptères et se divise lui-même en trois parties principales :

1° Le *mésothorax* est la plus petite des trois et touche au prothorax, auquel il est attaché par une membrane dont la suture est bien visible en dessous

entre les hanches des pattes' médianes; sa partie inférieure se nomme *mésosternum*, et sa partie supérieure
mésonotum, qui souvent forme une petite plaque appelée *écusson*, et qui est visible entre les bases des élytres. Le mésosternum contient également les cavités
dans lesquelles sont insérées les hanches des *pattes
intermédiaires* ou *médianes* et nommées *cavités
cotyloïdes;* c'est sur lui que sont creusées les fosses
pour contenir la saillie du prosternum ou le bec des
Rhyncophores. C'est sur le mésonotum que sont fixées
les bases des élytres et les petites écailles visibles sur
l'épaule des Cétoines et appelés *scapules;*

2° Le *métathorax* relie le mésothorax à l'abdomen;
sa partie supérieure se nomme *métanotum*, l'inférieure
métasternum; cette dernière affecte des formes différentes chez beaucoup de familles. C'est sur lui que
sont fixées les ailes proprement dites, et il contient la
moitié des cavités cotyloïdes des pattes intermédiaires
et celles des pattes postérieures. Sur les côtés, entre
le métanotum et le métasternum, se trouvent souvent
deux petites plaques cornées; l'une, vers le dos, recouverte par les élytres, se nomme *épipleure,* l'autre,
visible en dessous, s'appelle *parapleure* ou *métapleure.*
Parfois, à l'arrière des épipleures et parapleures, se
trouvent encore ajoutées deux petites plaques nommées *appendices;*

2

3° L'*abdomen* : cette dernière partie du corps est composée d'un plus ou moins grand nombre de segments, qui cependant ne dépasse jamais le chiffre de neuf. Ces segments sont reliés entre eux par une membrane, et quelquefois soudés entre eux. Dans les membranes et sur les côtés se trouvent percés les trous servant à la respiration et nommés *stigmates*. L'anus se trouve percé en dessous entre les deux derniers segments; celui qui le recouvre et qui termine l'insecte se nomme *pygidium*; souvent il diffère chez le mâle et la femelle d'une même espèce.

LES ÉLYTRES ET LES AILES.

Les organes de la locomotion, chez les coléoptères, sont les ailes et les pattes. Ils possèdent habituellement quatre ailes, dont les deux supérieures, de substance cornée, sont nommées *élytres* et ne manquent totalement que chez les femelles de quelques espèces. Le côté par où les élytres sont attachées se nomme la *racine* ou la *base*; le côté opposé, *pointe, sommet* ou *apex*; celui où elles se rejoignent *marge suturale*, et leur réunion à cette marge *suture*; les côtés extérieurs s'appellent *marges latérales*. Il est bon dès maintenant de noter que, dans une description, lorsqu'élytre est employé au singulier, il n'est question alors que de l'une des élytres, tandis que l'employant au pluriel, on entend parler des deux à la fois.

L'angle que forme la base de chaque élytre avec sa marge latérale se nomme *épaule* ou angle huméral; celui que cette marge forme avec la pointe, *angle apical*. Chez les insectes dont les élytres sont tronquées, il existe alors un angle apical externe et un angle interne ou *angle sutural*.

Lorsque les élytres recouvrent la totalité de l'abdomen, on les dit *entières* et *tronquées* lorsqu'elles laissent à découvert un ou deux segments de l'abdomen.

Lorsque, comme chez les Staphylins, elles ne recouvrent que tout au plus la moitié de l'abdomen, on les appelle *raccourcies*.

La suture des élytres est presque toujours droite, quelquefois recourbée (Meloë, Rhipidius); lorsqu'une élytre recouvre l'autre à la suture, on les dit *imbriquées* (Xantholinus). Dans beaucoup d'espèces, elles sont *soudées* l'une à l'autre à la suture.

Les élytres servent simplement de couverture aux ailes vraies, qui se trouvent en dessous; elles peuvent s'élever, mais non se mouvoir.

Les ailes inférieures des coléoptères qui, à proprement parler, sont les seules ailes vraies, sont, pendant l'état de repos, repliées sous les élytres. Elles sont fixées au métanotum, repliées plusieurs fois sur elles-mêmes et totalement recouvertes par les élytres, excepté dans quelques espèces (Molorchus), où, ne pouvant pas se replier, elles dépassent les élytres.

Chez beaucoup d'espèces, il n'y a que des vestiges d'ailes; chez d'autres, elles manquent tout à fait. Elles manquent toujours lorsqu'il n'existe point d'élytres, et la plupart du temps lorsque les élytres sont soudées, et, chez les insectes coureurs; on remarque, dans une même espèce, des exemplaires avec des ailes et d'autres qui en sont dépourvus. Les ailes sont formées d'une substance membraneuse, translucide et consolidée par des nervures.

LES PATTES.

Les coléoptères possèdent six pattes, dont chacune est formée de plusieurs parties. Les premières, les plus rapprochées du corps, sont les *hanches*, qui sont fixées dans de petites cavités creusées dans le sternum et que l'on nomme *cavités cotyloïdes*. Sur le côté de la hanche, se trouve fixé un appendice corné, plus ou moins long, que l'on nomme *trochanter*. Lorsque cet appendice est très long, on le dit *supportant* (fulcrans), car alors il supporte pendant une certaine longueur le fémur. La forme des hanches est très importante pour la classification; elles peuvent être *rondes, coniques,* plus ou moins *allongées.* Leur position, comme celle du trochanter, peut être *droite,* en *biais* ou *transversale.*

Au bout, et plus ordinairement sur le côté du trochanter, est fixé le *fémur* ou la cuisse, au bout duquel se trouve le *tibia* ou la jambe, qui porte lui-même le *tarse* ou pied; ce dernier se compose de plusieurs articles, de forme et de nombre très variés. Les tarses portent au sommet du dernier article un ou deux *ongles* ou *crochets,* lisses ou dentées. Souvent ces crochets sont fendus à leur extrémité, et quelquefois soudés à leur base.

On peut diviser les pattes des coléoptères en cinq séries, suivant l'usage auquel elles sont destinées : on distingue celles des *coureurs,* qui sont ordinairement grêles, avec des hanches globulaires; et généralement des tarses simples; celles des *marcheurs,* plus massives que les précédentes, ont d'habitude les articles des tarses garnis de semelles; celles des *sauteurs,* reconnaissables au fémur fortement renflé; celles des *fouisseurs,* avec des hanches grosses et allongées et les tibias antérieurs très larges et dentés au bout, et enfin celles des *nageurs,* dont les tarses sont garnis de poils raides et longs, et dont les pattes peuvent se mouvoir dans le sens horizontal seulement.

Les pieds, ou tarses, sont les parties les plus importantes des pattes ; le nombre de leurs articles diffère souvent, même dans les deux sexes d'une même espèce.

On appelle *pentamères* les tarses qui ont cinq articles à tous les pieds. On les dit : *pseudotétramères*, lorsque le cinquième article, peu visible, se trouve caché dans le quatrième (Hamaticherus, Nitidula); *tétramères*, lorsque tous les tarses n'ont que quatre articles; *hétéromères*, lorsqu'il existe cinq articles aux quatre pattes antérieures et seulement quatre aux postérieures. Il est à remarquer que les insectes qui ont quatre articles aux pattes antérieures, mais cinq aux postérieures, sont rangés parmi les tarses pentamères. On appelle : *pseudotrimères,* les tarses qui ont quatre articles, mais dont le troisième, très petit, est caché dans le deuxième; *trimères,* les tarses avec trois, et *dimères,* ceux avec deux articles seulement : ces derniers sont très rares. Les articles, pris isolément, sont de formes diverses : cylindriques, coniques, triangulaires, cordiformes et quelquefois ronds ou carrés. Lorsque ces articles sont ronds et serrés entre eux, comme aux pattes antérieures des mâles des Dytisques, on les nomme *patelles,* et les petites cavités rondes, frangées de poils raides, qui se trouvent à leur partie inférieure, sont appelées *patellules.* Chez d'autres espèces, les articles du tarse des pattes antérieures des mâles sont dilatés ou élargis, comme chez les Carabes; cette dilatation s'étend aux tarses intermédiaires chez les Harpales.

Les *ongles, crochets* ou *griffes* peuvent être égaux ou inégaux, ordinairement crochus à leur extrémité; le plus souvent doubles, tantôt libres, tantôt soudés à leur base; la plupart du temps simples, ils sont quelquefois dentés ou en forme de scie, comme chez les Calathus, et pectinés, comme chez les Cistela. Chez les Dasytes, ils portent à leur base un petit lobe membraneux. Les ongles sont souvent totalement fendus ou seulement divisés à leur extrémité, avec les deux parties lisses, comme chez les Meloë, ou ces parties dentées, comme chez les Zonitis. Chez les Lucanes et les Trogosites, il se trouve entre les ongles un petit appendice corné, appelé *plantule* ou *palmule*.

DE L'ASPECT EXTÉRIEUR DU CORPS DES COLÉOPTÈRES.

Les points les plus intéressants à observer sont les suivants :

1º La forme générale du corps ou de ses parties;
2º La substance dont il est formé;
3º La forme des différentes faces;
4º La différence de ces faces à l'égard l'une de l'autre;
5º La couleur.

La forme générale d'un coléoptère ou d'une partie d'un coléoptère peut être conique, sphérique, hémisphérique ou en massue, anguleuse et, selon le nombre de ses côtés, triangulaire ou quadrangulaire, enfin ovale plus ou moins allongé ou *ovoïde* lorsqu'un des bouts de l'ovale est plus arrondi que l'autre.

La substance dont il est formé peut être *solide* ou *cornée*, *coriace* comme du cuir ou *membraneuse*. Elle peut être *opaque* ou *transparente*.

La surface peut être *ronde*, *elliptique*, *ovale* plus ou moins allongé, avec un des bouts plus arrondi que l'autre, *carrée*, *quadrangulaire* ou *arrondie*, c'est-à-dire ne présentant d'angles d'aucun côté, sans être précisément ronde. Elle est dite *lancéolée*, lorsqu'elle forme une ellipse longue et étroite dont les deux extrémités sont rétrécies en pointe; *linéaire*, lorsque, étroite, ses bords sont parallèles; *en croissant*, lorsque, convexe à l'extérieur et concave à l'intérieur, elle ressemble à une demi-lune; *réniforme*, lorsque les pointes du croissant sont arrondies; *cordiforme*, lorsqu'elle a la forme d'un cœur; *carrée* ou *carrée longue*; *rhomboïdale*, lorsque deux des angles adjacents du carré sont émoussés ou arrondis, tandis que les deux autres angles sont vifs; enfin, *trapéziforme*, lorsque les deux côtés opposés du carré sont parallèles, tandis que les deux autres ne le sont pas.

Une marge peut être *droite, sinuée* ou *ondulée, dentelée, crénelée* ou *ciliée.* Elle se nomme *calleuse,* quand elle a un rebord épais; *marginée,* lorsqu'elle est relevée par le haut et forme à son bord une fine baguette; *réfléchie,* quand le bord est fortement relevé; *infléchie,* quand le bord est courbé vers le dessous. Quand une marge est fortement échancrée en demi-cercle, on la dit *émarginée.*

La surface du corps ou une partie du corps peut être *glabre* ou *velue.* Glabre, elle peut être *lisse,* c'est-à-dire sans crevasses ni aspérités, *terne* ou *polie* comme du métal. On la dit *rugueuse,* lorsqu'elle présente des aspérités comme celles d'une râpe ; *granulée,* lorsque ces aspérités sont des grains ronds; *intriquée,* lorsque ces aspérités sont inégales de forme et de dimensions et disposées sans ordre; *caténulée,* quand les rugosités sont allongées et arrondies, et situées les unes à la suite des autres comme les anneaux d'une chaîne; enfin, elle peut être *épineuse* ou *inerme.* Cette surface peut également être *rayée,* lorsqu'elle présente de petites lignes étroites, en relief et parallèles; *côtelée,* lorsqu'elle présente des côtes séparées par de larges sillons; *sillonnée,* lorsqu'elle est creusée de larges sillons, profonds, dont les bords sont un peu relevés; *canaliculée,* lorsque son milieu est traversé par une fine rigole; *aciculée,* lorsqu'elle est marquée de raies fines et sans ordre et qui semblent avoir été faites avec la pointe d'une aiguille. Si une surface est couverte de petits trous ronds, on la dit *ponctuée; striato-ponctuée,* si ces trous sont disposés en lignes droites et dans le sens de la longueur. Si, au contraire, ces points se trouvent au fond de lignes ou de sillons, on dit la surface *punctato-striée.* Si, au lieu d'être ronds, ces points étaient plus ou moins anguleux, on dirait la surface *crénato-striée.* Elle est dite : *cicatricée,* lorsqu'elle est couverte de trous irréguliers et peu profonds; *fovéolée,* lorsque ces trous, plus étroits dans le fond que par le haut, sont allongés en forme de fossettes; *cloisonnée,* lorsque ces fossettes sont placées en ligne et que leurs fins intervalles divisent la surface par de petites cloisons. Lorsque les points sont très rapprochés et empiètent les uns sur les autres, on dit la surface *rugoso-ponctuée,* et enfin *réticulée,* lorsque l'empiètement de ces points forme comme les mailles d'un filet.

Sous le rapport de sa forme, une surface peut être :

Plane, concave ou *convexe;*

Raboteuse, lorsque quelques-unes de ses parties sont plus élevées que les autres;

Gibbeuse, lorsqu'elle forme un élévation en forme de bosse ou de cône tronqué.

Il est rare qu'une surface soit tout à fait glabre : elle

est ordinairement recouverte de *poils*, d'*écailles* ou de *poudre*; on la dit :

Pileuse, lorsqu'elle est recouverte de poils longs, raides, fins et lâches;

Hirsute, lorsque ces poils, au lieu d'être lâches, sont serrés;

Villeuse, lorsqu'elle est recouverte de poils nombreux, couchés, crépus et entremêlés;

Hispide, lorsque les poils sont rudes et épars;

Pubescente, lorsqu'elle est recouverte de poils très fins, courts et mous, imitant le duvet;

Tomenteuse, lorsque les poils sont très fins, enchevêtrés et forment un réseau feutré dont on ne peut distinguer les poils isolés;

Laineuse, lorsqu'elle est recouverte de longs poils couchés et mous imitant la laine;

Veloutée, lorsque ces poils, courts et très serrés, présentent l'aspect du velours;

Ciliée, lorsque ses bords sont frangés de poils de même longueur, parallèles, courts et raides.

Lorsque la surface est recouverte de petites plaques rondes ou oblongues, on la dit *squammeuse*, et *farineuse* lorsqu'elle est recouverte de petites écailles qui s'enlèvent facilement et qui ressemblent à de la poussière; enfin, quand ces écailles sont tellement petites qu'on peut à peine les distinguer avec une loupe, on dit la surface *pruineuse*.

Les couleurs principales qui décorent les coléoptères sont les suivantes :

Le *blanc*, qui se divise en blanc de neige ou très pur et brillant, blanc de lait, à reflets bleuâtres, et blanc de craie, à reflets jaunâtres;

Le *noir*, qui peut être profond, terne ou brillant; le noirâtre ou mélangé de gris;

Le *brun*, qui est un mélange de noir et de rouge; on distingue le brun noirâtre, rougeâtre, jaunâtre, ferrugineux et ocreux;

Le *gris*, mélange de blanc et de noir; il y a le gris blanchâtre, cendré, de souris ou jaunâtre, fauve ou rougeâtre, de fumée avec un reflet brun;

Le *rouge*, qu'on divise en vermillon, brique ou jaunâtre, sang ou bleuâtre, et le rouge pourpre avec des reflets violets;

Le *bleu*, divisé en azur ou brillant, de ciel ou blanchâtre, indigo pâle ou violacé, indigo foncé ou noirâtre, d'acier ou grisâtre et le bleu verdâtre;

Le *jaune*, que l'on désigne par franc, quand il a la couleur du pissenlit, le jaune soufre, paille, d'ocre et le jaune sale;

Le *vert*, mélange du bleu et du jaune, qu'on appelle émeraude, lorsqu'il est clair, brillant et transparent, vert-de-gris ou bleuâtre, vert-pré ou jaunâtre, olive ou mélangé de brun.

Selon leurs dispositions, on ajoute à ces noms de couleurs les adjectifs *uni, pointillé, saupoudré, marbré,* etc.

Plusieurs noms de couleur dérivent des métaux; ainsi, l'on dira : blanc d'argent, doré, cuivré, vert bronzé ou métallique, gris de plomb, gris de fer ou, en général, éclat métallique.

Une partie du corps peut être *unicolore* ou *concolore, versicolore* ou *irisée,* ou enfin *marquée* ou *maculée.* On donne différents noms à ces marques; ainsi, un point rond et foncé sur une surface plus claire se nomme un *point,* et quand il est très petit, on lui donne improprement le nom d'*atome.* Si les atomes sont très rapprochés, on dit la surface *poudrée.* Lorsqu'un point rond est d'une certaine étendue, on le nomme *pustule,* et *macule,* lorsqu'il est carré ou anguleux. Un point de nuance claire sur un fond plus foncé se nomme *goutte.* Si une macule est étroite et placée sur un des côtés de la surface, on la nomme *liture.* Une marque irrégulière et allongée se nomme *cicatrice.* On appelle une ligne dans le sens de la longueur *raie,* et elle est nommée *bande* lorsqu'elle se trouve en travers. Une tache en demi-lune se nomme *lunule.* Un point rond avec un intérieur de couleur différente se nomme *œil* ou *ocelle*. On appelle une surface : *nébuleuse* ou nuageuse, lorsqu'elle présente des taches fondues de nuance plus foncée que le fond; *ondulée*, lorsque le dessin forme des ondes; *marbrée*, quand ces dessins imitent le marbre, etc.

Ce sont là les termes principaux qui seront usités dans les tables qui vont suivre; il en existe encore une foule d'autres, trop nombreux pour être détaillés ici et pour la connaissance desquels il faudra consulter les dictionnaires spéciaux.

MANIÈRE DE SE SERVIR DES TABLES.

La table I sert à déterminer la famille à laquelle appartient l'insecte.

Pour y parvenir, on lira attentivement les phrases caractéristiques, en commençant par le n° 1. On se rendra ensuite au numéro indiqué à la fin de la phrase que l'on aura adoptée et qui devra, par conséquent, être l'expression des caractères de l'insecte que l'on aura sous les yeux. On suivra la même marche jusqu'à ce que l'on trouve le nom de la famille, lequel sera suivi d'un numéro placé entre parenthèses, qui renvoie à la description de cette famille dans la table II. Là il faudra vérifier les caractères complets de la famille, pour voir si l'on ne s'est pas trompé. En analysant alors le genre dans la table II, on arrivera au nom de ce genre, que l'on vérifiera dans les descriptions complètes, qui se trouvent dans les ouvrages spéciaux (¹).

Lorsqu'il y aura doute sur les caractères répondant à l'une ou l'autre phrase, il faudra tenir note du numéro de cette phrase et y revenir. Si, en vérifiant les caractères généraux, l'on reconnaissait une erreur, il faudrait adopter la phrase contraire. On s'habituera facilement à l'usage de ces tables en opérant avec un insecte connu, ce qui permettra de voir immédiatement si l'on est dans la bonne voie.

(¹) Bon nombre de ces ouvrages spéciaux ont été indiqués en notes. Ils se trouvent, pour la plupart, dans la bibliothèque de la Société entomologique de Belgique.

TABLE I.

ANALYSE DES FAMILLES.

3 Antennes géniculées, le premier article long et épais formant coude avec les suivants, qui sont plus courts; les articles terminaux sont en massue, ou serriformes, ou lamellés 4

— très rarement coudées et, dans ce cas, le bout n'est jamais renflé en massue 7

4 Les articles terminaux des antennes sont élargis intérieurement, serriformes ou foliacés 5

—   —   sont épaissis régulièrement de façon que l'axe passe par leur milieu 6

5 Antennes formées de dix articles, les articles terminaux élargis à l'intérieur sous forme de scie ou de peigne. Abdomen à cinq anneaux.   Lucanides. (29)

—   —   de huit à onze articles munis d'une tête lobée, ou flabellée, ou tuniquée. Abdomen composé ordinairement de six, quelquefois de huit, très rarement de cinq anneaux. Pattes antérieures fouisseuses.   Scarabéides. (30)

6 Tête prolongée en trompe ou bec cylindrique aux côtés duquel sont fixées les antennes 56

— non prolongée, antennes pouvant ordinairement se replier sous le thorax. Celui-ci contient souvent une petite fosse pour loger la tête de l'antenne. Élytres presque toujours tronquées, laissant à découvert les deux derniers anneaux de l'abdomen.   Histérides. (15)

7 Palpes maxillaires aussi longs ou plus longs que les antennes.   Hydrophilides. (5)

—   —   beaucoup plus courts que les antennes 8

8 Ongles ou griffes de grandeur normale. 9

Le dernier article du tarse est rond, très grand, muni de très grandes griffes. Abdomen à cinq anneaux, antennes légèrement épaissies à leur extrémité ou quelquefois irrégulières. Corps revêtu d'un poil hydrofuge. **Parnides.** (27)

9 Abdomen composé de cinq anneaux. 10

— — de six ou plus d'anneaux 25

10 Fémur fixé au-dessous du milieu du trochanter, et sur son côté extérieur 11

— — au bout ou près du bout du trochanter, et se trouvant dans le même axe que lui 24

11 Hanches antérieures sphériques ou transverses, ne s'avançant ordinairement que peu hors des cavités cotyloïdes. 12

— — coniques, rapprochées l'une de l'autre, avancées hors des cavités cotyloïdes; les hanches médianes sont sphériques ou ovales, les postérieures ne sont jamais coniques. 19

Toutes les hanches sont grosses et cylindrico-coniques, rapprochées et dirigées en arrière, sortant fortement des cavités cotyloïdes. 22

12 Hanches antérieures transverses, plus ou moins demi-cylindriques 13

— — sphériques 14

13 Anneaux de l'abdomen libres, non soudés et pouvant se mouvoir librement. Le fémur ne contient point de rainure pouvant loger le tibia; hanches médianes habituellement sphériques. **Nitidulides.** (17)

Les trois premiers anneaux du ventre sont soudés entre
eux. Toutes les hanches sont transverses, cylindriques. Le fémur contient en dessous une rainure
propre à recevoir le tibia. Les antennes s'épaississent graduellement, ou sont terminées par quelques gros articles.   **Byrrhides.** (25)

14 Antennes sétacées, filiformes, serriformes ou pectinées. Prosternum avec une pointe qui correspond
à une fosse du mésosternum 15

—   moniliformes, ou graduellement épaissies,
ou terminées par quelques gros articles, ou en
massue 16

15 La saillie du prosternum ne peut pas entrer dans la
rigole du mésosternum, de façon que l'insecte peut
à peine courber le prothorax vers le bas et, par
conséquent, ne saurait le détendre brusquement.
                                    Buprestides. (31)

Cette saillie du prosternum peut pénétrer profondément
dans la rainure du mésosternum, de manière que
l'insecte, placé sur le dos, peut courber fortement
le prothorax et sauter en le redressant brusquement.   **Élatérides.** (32)

16 Le prosternum n'a pas de saillie pointue, le mésosternum n'a point de rainure, les antennes et les
tibias ne peuvent se retirer dans des rigoles ména-
gées à cet effet 17

—   est muni d'une saillie qui correspond
à une rainure du mésosternum. Antennes et tibias
pouvant se loger dans des rainures.   **Throscides.** (24)

17 Hanches plus ou moins éloignées l'une de l'autre . . . 18

Hanches rapprochées; une couronne de poils raides,
épineux et serrés, termine le tibia, les trois premiers articles des tarses sont légèrement élargis
et velus en dessous, le quatrième article est petit;
corps ovoïde, ou ovoïde arrondi, aplati en dessous,
le dessus fortement voûté. Antennes en massue avec
une tête de trois articles serrés.   **Phalacrides.** (16)

18 Corps aplati; les élytres sont plus ou moins déprimées
en forme de gouttières, leur marge latérale est
ordinairement bordée d'une baguette. Les antennes
sont presque toujours filiformes ou moniliformes,
ou rarement avec trois articles plus gros à leur
extrémité; les anneaux du ventre sont entre eux de
même longueur.   **Cucujides.** (19)

— voûté, élytres sans marges bordées, premier
anneau plus long que les autres. **Cryptophagides.** (20)

19 Hanches postérieures rapprochées l'une de l'autre . . . 20

— . — et médianes éloignées l'une de
l'autre. 32

20 La hanche postérieure ne contient point de gouttière
pour loger le fémur et celui-ci n'en contient pas
pour le tibia 21

— — est élargie en arrière en une
plaque étroite, sous laquelle le fémur peut se loger.
Celui-ci contient une gouttière pour recevoir le
tibia.   **Dermestides.** (23)

21 Tarses simples; corps hémisphérique, ovale ou ovoïde. 34

— avec une large semelle; corps allongé, velu,
avec des élytres passablement cylindriques 36

22 Corps ovoïde ou allongé; tête beaucoup plus petite
que le thorax; tibias pourvus d'éperons à leur
pointe. 23

Corps long et cylindrique; tête, y compris de grands yeux, aussi large que le thorax, qui est petit; les élytres manquent ou sont divergentes, ou bâillantes; tibias avec des éperons peu visibles. 35

23 Mandibules robustes, saillantes; les deuxième, troisième et quatrième articles des tarses garnis en dessous d'appendices membraneux. **Atopides.** (33)

— faibles et pas saillantes; le quatrième article du tarse est seul bilobé. **Cyphonides.** (34)

24 Antennes filiformes, rapprochées l'une de l'autre et implantées sur le front. **Ptinides.** (38)

— serratiformes ou pectinées, ou avec les trois articles terminaux allongés ou élargis; elles sont implantées devant les yeux et sur les côtés de la tête. **Anobiides.** (39)

25 Hanches antérieures sphériques ou transverses et plus ou moins enfermées dans les cavités cotyloïdes. . 26

— — coniques, ou en forme de bouchon, et sortant des cavités cotyloïdes 30

26 Les trois premiers anneaux de l'abdomen sont soudés. 27

Tous les anneaux sont libres. **Nitidulides.** (17)

27 Tous les pieds sont propres à la course ou à la marche. 28

Les pieds postérieurs au moins sont propres à la nage. 29

28 Antennes implantées sur le front et au-dessus de la base des mandibules. **Cicindélides.** (1)

— — derrière la base des mandibules. . **Carabides.**

29 Antennes longues, minces, sétacées ou filiformes, rarement plus épaisses au milieu que vers les bouts, terminées par quelques articles plus gros, yeux libres. **Dytiscides.** (3)

Antennes très courtes, irrégulières, le premier et le
deuxième articles plus larges, formant vers l'extérieur un petit appendice; les autres articles forment
une courte massue.　　　　　　　　**Gyrinides.** (4)

30　Hanches postérieures très éloignées l'une de l'autre　.　31
　　　—　　　　　—　　　rapprochées 33

31　Antennes presque aussi longues que le corps　.　. . . 34
　　　—　　moins longues que la moitié du corps. . . 32

32　Palpes maxillaires très longs, aussi longs ou plus longs
que la tête, et composés de quatre articles, dont le
dernier est très petit et difficile à distinguer; l'abdomen est totalement recouvert par les élytres, les ailes
manquent et le corps est très petit; hanches postérieures très écartées.　　　　　　**Scydmaenides.** (9)

　　　—　　　—　　de longueur moyenne; les élytres
tronquées ne recouvrent pas la totalité de l'abdomen;
les hanches postérieures sont éloignées des hanches
médianes. Corps ailé, antennes minces.

　　　　　　　　　　　　　　　Scaphidiides. (14)

33　Antennes en massue articulée, ou s'épaississant graduellement jusqu'à leur pointe, ou quelquefois terminées
par quelques gros articles qui sont bien séparés. Les
articles des tarses postérieurs sont toujours simples .　34

　　　—　　filiformes ou sétacées, dentées ou pectinées,
quelquefois, mais rarement, terminées par de gros
articles aplatis; mais, dans ce dernier cas, les articles
des tarses sont pourvus d'une large semelle　.　. . 35

34　Hanches médianes assez proéminentes, trochanters
postérieurs supportants; parapleures du métasternum
libres.　　　　　　　　　　　　　**Silphides.** (10)

Hanches médianes peu proéminentes, trochanters postérieurs petits, parapleures en grande partie recouvertes
par la marge infléchie de l'élytre. Corps sphérique
ou ovoïde et fortement voûté.   **Anisotomides.** (11)

55 Les tibias sont beaucoup plus longs que les tarses, dont
les articles sont ordinairement cordiformes ou triangulaires, et le quatrième article divisé en deux lobes.   36
Les tarses sont grêles et longs, aussi longs que les tibias;
les articles sont ronds. Les élytres bâillent à la suture.
                              Lymexylonides. (41)

56 Hanches postérieures prolongées en forme de bouchon,
en arrière et contre le trochanter 37
—   —   non prolongées en forme de bouchon,
articles des tarses larges et munis de semelles velues
ou spongieuses, ordinairement prolongées en lobes.
Yeux d'habitude un peu échancrés ; antennes serratiformes ou terminées par trois gros articles plus ou
moins aplatis, les bords du thorax sont arrondis.
                              Clérides. (37)

57 Antennes implantées sur le front, ordinairement sétacées ou filiformes, rarement serratiformes ou pectinées, ongles des tarses sans lobes membraneux.
                              Téléphorides. (35)

— implantées sur les côtés du front, rarement tout
à fait filiformes, le bout est toujours un peu épaissi,
l'antenne est, le plus souvent, plus ou moins serrati-
forme, ongles ordinairement accompagnés d'un lobe
membraneux. Il existe très souvent sur les côtés du
corps de petites vessies rouges.   **Mélyrides.** (36)

58 Hanches antérieures sphériques ou transverses, plus ou
moins enfoncées dans les cavités cotyloïdes, et ne
sortant jamais au delà du prolongement du proster-

num qui les sépare, hanches postérieures toujours séparées par une pointe du premier segment du ventre, lequel, dirigé en avant, correspond à une cavité dans le métasternum, qui se trouve au même niveau que l'abdomen ; ongles toujours simples . . 39

Hanches antérieures presque toujours placées l'une contre l'autre et en cônes renversés ou en forme de bouchon et proéminentes ; elles sont très rarement séparées par un prolongement du prosternum, les hanches postérieures sont toujours rapprochées et jamais séparées par un prolongement du premier anneau du ventre. Le métasternum n'est pas sur le même plan que le ventre ; il se trouve plus élevé ; les ongles sont souvent fendus, dentés ou pectinés 45

39   — — transverses ; antennes avec une tête globuleuse 40

— — sphériques ou ovales ; jamais les antennes n'ont de tête globuleuse 41

40 Antennes coudées ou géniculées ; corps rond ou ovoïde. *Voy.* n° 6

— droites ; corps étroit, mince et allongé. *Voy.* n° 26

41 Métasternum court ; les hanches postérieures sont à la même distance des hanches médianes que celles-ci des antérieures, tout au plus peuvent-elles être un peu plus éloignées 4

— assez long, les hanches postérieures sont beaucoup plus éloignées des médianes que celles-ci des antérieures ; menton court laissant presque tout le bas de la bouche à découvert 43

42 Antennes longues et filiformes, aussi longues et souvent plus longues que la moitié du corps. La tête de l'an-

tenne est aussi longue, sinon plus longue que large ;
menton petit, laissant en grande partie la bouche à
découvert ; tarses munis de semelles velues.

Hélopides. (45)

Antennes courtes, les derniers articles plus larges que
longs ; menton ordinairement large, recouvrant
presque toute la partie inférieure de la bouche ;
rarement le menton est petit et, dans ce cas, on
voit le labre, qui est étroit, renfermé dans une profonde échancrure du chaperon ; élytres presque toujours soudées ; leur marge latérale est fortement
bordée ; les ailes manquent presque toujours ; les
articles des tarses munis de semelles épineuses.

Piméliides. (42)

45   —   implantées sur les côtés de la tête et devant
les yeux, qui sont petits et ronds.   *Voy.* n° 18

    —   —   sous la marge latérale de la tête ;
les yeux sont placés en biais ou verticalement, ils
sont presque toujours échancrés, ou quelquefois
divisés en deux par le bord marginal de la tête . . 44

44 Prosternum assez allongé, les hanches antérieures sont
assez éloignées de son bord supérieur. Corps allongé
ou demi-cylindrique, mais avec le dessus aplati.

Ténébrionides. (44)

    —   court, souvent tout à fait recouvert par les
hanches antérieures ; en tout cas, celles-ci sont peu
éloignées du bord supérieur du prosternum ; corps
ovale ou en ovale allongé ; antennes ordinairement
épaissies à partir du cinquième article ; les articles
qui les terminent sont transverses.   Diapérides. (43)

45 Antennes toujours placées sous la marge latérale de la
tête.   *Voy.* n° 34

Antennes avec la base libre, placées devant les yeux
aux côtés de la tête. 46

46 Tête fortement penchée et sensiblement plus large que
le sommet du thorax; le derrière de la tête est
étranglé en forme de col, le vertex est élevé et
bombé 47
— non étranglée derrière les yeux; elle est ou bien
dégagée ou engagée jusqu'aux yeux sous le thorax;
souvent, elle est complètement cachée par le thorax,
lorsque l'insecte est vu par en haut. 52

47 Élytres beaucoup plus larges que le thorax à sa base. 48
— à peine plus larges que la base du thorax,
dont le bord antérieur est rétréci 51

48 Griffes simples et normales. 49
— fendues en deux parties inégales, l'une des
moitiés est quelquefois dentelée. **Méloïdes.** (53)

49 Hanches antérieures rapprochées des hanches médianes,
de façon que le mésosternum se trouve presque complètement recouvert. Tête étranglée derrière les
yeux 50
— — éloignées des hanches médianes,
laissant le mésosternum libre; tête presque toujours
plus large que le thorax; elle se trouve attachée à
celui-ci par une tige terminée en forme de bouton;
la tête est très rarement verticale et étranglée derrière les yeux, alors elle est recouverte par le thorax
prolongé en forme de capuchon. **Anthicides.** (50)

50 Antennes serratiformes ou pectinées, implantées devant
une échancrure des yeux; la tête est élargie et
arrondie de chaque côté derrière les yeux, et amincie
à l'arrière par un fort étranglement nettement déter-
miné. **Pyrochroïdes.** (49)

Antennes filiformes, à peine légèrement renflées au bout,
et implantées dans une grande échancrure des yeux
réniformes; leur dernier article est le plus long
de tous; le col n'est pas séparé de la tête par un
étranglement.   **Lagriides.** (48)

51 Dernier article des palpes maxillaires sécuriformes;
mandibules garnies à l'intérieur d'une membrane
spongieuse; antennes filiformes assez souvent dentées
à leur côté intérieur, ou quelquefois légèrement
épaissies vers leur pointe.   **Mordellides.** (51)

Le dernier article des palpes maxillaires n'est jamais
sécuriforme, les mandibules ne sont pas garnies d'une
membrane; antennes du mâle pectinées ou flabelli-
formes, celles de la femelle serratiformes, rarement
pectinées ou filiformes et, dans ce dernier cas, la
femelle est dépourvue d'ailes et d'élytres.

                               Rhipiphorides. (52)

52 Griffes simples ou divisées, lisses ou avec une seule
dent 53
    .— pectinées ou serratiformes.   **Cistélides.** (46)

53 Antennes rarement plus longues que la tête et le thorax,
réunies, filiformes, quelquefois un peu enflées, soit
au milieu, soit à leur pointe; quelquefois aussi avec
quelques articles terminaux plus gros; pattes assez
courtes; le troisième article des tarses postérieurs et
les griffes sont ordinairement simples 54
    — longues et minces, au moins aussi longues que
la moitié du corps, sétacées ou filiformes, rarement
serratiformes; les jambes sont longues et grêles et
dépassent de beaucoup le corps; avant-dernier article
des tarses cordiforme ou divisé en deux lobes, rarement simple, et, dans ce cas, chaque ongle est fendu

en deux parties inégales ; le fémur postérieur du mâle est souvent renflé.   **Œdémérides.** (54)

54 Tête triangulaire peu dégagée ou engagée sous le thorax, dont le côté postérieur est à peu près aussi large, mais rarement plus large que les élytres ; il est aminci à son bord antérieur ; les antennes ne sont jamais terminées par de plus gros articles ; palpes maxillaires grands et pendants vers l'arrière, leur dernier article est cultriforme ou sécuriforme.

Mélandryides. (47)

— allongée en forme de trompe ou amincie triangulairement ; dans ce dernier cas, les antennes ont des articles plus gros à leur bout ; bord postérieur du thorax toujours plus étroit que les élytres.

Salpingides. (55)

55 Antennes presque toujours coudées avec le bout enroulé, lamellé, ou avec une tête solide ; très rarement elles sont droites, et alors la tête est toujours allongée en forme de trompe ; mâchoires avec un seul lobe triangulaire et épineux du côté intérieur ; ses palpes sont coniques, inarticulés et difficiles à distinguer . 56

— non coudées, la tête est très rarement prolongée en trompe ; mâchoires toujours avec deux lobes ; les palpes sont de formes diverses, mais toujours faciles à distinguer 57

56 Tête toujours plus ou moins allongée en trompe ; tarses garnis de semelles ; le troisième et souvent le deuxième articles sont cordiformes ou divisés en deux lobes ; les tarses sont rarement complètement simples, mais alors la tête est certainement allongée en trompe.   **Curculionides.** (57)

Tête pas ou très peu allongée; tarses simples et sans
semelles; le troisième article est quelquefois cordiforme ou bilobé; le côté extérieur des tibias est ordinairement denté. **Bostrychides. (58)**

57 Articles des tarses simples avec le dessous ordinairement velu 58

— — garnis en dessous d'une semelle spongieuse, avec des poils et des appendices; le troisième
article est cordiforme ou bilobé, son extrémité est
pourvue d'une fosse en forme de gouttière pour recevoir la base du dernier article 65

58 Fémur implanté sur le côté extérieur du trochanter . 59

— implanté sur la pointe biaise du trochanter . 64

59 Tête dégagée ou simplement un peu retirée dans le
thorax. 60

— tout à fait engagée sous le bord antérieur arrondi
du thorax; corps très petit, ovoïde ou elliptique; un
seul lobe à la mâchoire. **Corylophides. (61)**

60 Hanches antérieures coniques, proéminentes et rapprochées l'une de l'autre 61

— — sphériques, écartées l'une de l'autre
et plus ou moins enfoncées dans les cavités cotyloïdes. 62

— — transverses, couvrant tout le prosternum; antennes irrégulières; les deux premiers
articles gros, triangulaires, les suivants formant une
massue fusiforme, dentée en scie à l'intérieur.
Hétérocérides. (28)

61 Prosternum découvert, de substance cornée; hanches
antérieures assez rapprochées des médianes; ventre
composé de six anneaux. *Voy. n°* 34

— à peu près entièrement recouvert par les
hanches antérieures, qui s'étendent jusqu'à son bord

latéral; la partie libre entre les hanches est de substance membraneuse, molle. Hanches médianes
éloignées des postérieures; ventre composé de cinq
anneaux.   Géoryssides. (26)

62 Ventre avec cinq anneaux libres 63

— avec cinq ou six anneaux dont les trois ou
quatre premiers ne sont pas ou sont peu mobiles;
antennes ordinairement avec une tête solide; quelquefois, mais rarement, l'antenne grossit insensiblement jusqu'à sa pointe.   Colydiides. (18)

63 Hanches plus ou moins éloignées les unes des autres.
                                  Voy. n° 18

— rapprochées les unes des autres; chez la
femelle, tous les tarses sont tétramères; chez le
mâle, les tarses antérieurs sont trimères; rarement
chez les deux sexes, tous les tarses sont tétramères;
antennes s'épaississant insensiblement jusqu'à la
pointe, ou avec quelques articles plus gros au bout;
chaperon presque toujours séparé du front par une
rigole transversale.   Mycétophagides. (22)

64 Articles des tarses diminuant peu à peu de longueur
jusqu'au bout.   *Voy. n°* 24

Les trois premiers articles des tarses très courts, égaux
en longueur; le dernier article qui porte l'ongle est
aussi long que les trois précédents réunis.
                                  Cioïdes. (40)

65 Tête non prolongée en forme de bec ou de trompe. . 66
— prolongée depuis les yeux en une trompe, ou
munie d'un bec. Antennes serratiformes à l'intérieur,
ou bien épaissies vers leur extrémité, quelquefois
avec de plus gros articles au bout. Les antennes

sont toujours implantées sur les côtés de la tête, en
avant des yeux, et ordinairement dans une rigole.

Bruchides. (56)

66 Antennes terminées par trois articles gros et aplatis,
ou grossissant successivement, mais fortement jusqu'au sommet 67

    — sétacées, filiformes, dentées ou imbriquées,
rarement épaissies, ou avec de plus gros articles à
leur sommet 68

67 Hanches plus ou moins éloignées l'une de l'autre.

Voy. n° 18

    — placées l'une contre l'autre.   *Voy.* n° 36

68 Antennes sétacées, filiformes, serratiformes, pectinées
ou imbriquées, mais jamais épaissies vers le bout,
implantées sur le front et près d'une échancrure des
yeux. Elles sont au moins aussi longues que la
moitié et souvent beaucoup plus longues que le
corps. Pattes généralement grêles et longues, dépassant de beaucoup les côtés du corps.

Cérambycides. (59)

    — filiformes ou moniliformes, serratiformes ou
pectinées, quelquefois faiblement épaissies à leur
sommet. Elles sont implantées sur le front et devant
les yeux, qui ne sont que rarement échancrés, rarement plus longues que la moitié du corps ; mais, le
cas échéant, le thorax n'a point de gibbosités sur le
côté, et les yeux ne sont pas échancrés. Pattes
robustes et presque toujours courtes.

Chrysomélides. (60)

69 Ventre avec cinq anneaux ou davantage 70

Ventre avec trois anneaux seulement, celui du milieu
court. Tarses formés de deux articles.

Sphærides. (12)

70 Hanches antérieures coniques, dégagées et rapprochées l'une de l'autre 71

     —   —   sphériques, plus ou moins enfon-
cées dans les cavités cotyloïdes et éloignées l'une de
l'autre. 72

71 Antennes fines comme des cheveux et terminées par
trois gros articles; les hanches médianes sont
éloignées des postérieures; les tarses paraissent
inarticulés. Trichoptérygides. (13)

     —   médiocrement minces; les hanches médianes
sont rapprochées des postérieures; tarses avec trois
articles distincts. *Voy. n°* 34

72 Articles des tarses toujours simples; corps allongé; il
n'est jamais ni ovale, ni arrondi; antennes dirigées
en avant. Lathridiides. (21)

     —   —   presque toujours élargis et garnis de
semelles spongieuses ou velues; le deuxième article
avec deux lobes; lorsque, par exception, il est
simple, le corps est toujours sphérique ou ovoïde . 73

73 Antennes insérées entre les yeux, dirigées en avant et
ne pouvant se replier sous la tête.

Endomychides. (62)

     —   —   devant les yeux ou sous les côtés de
la tête et pouvant se replier sous celle-ci.

Coccinellides. (63)

4

74   Ventre composé de cinq anneaux seulement 75

—   —   de six ou sept anneaux.

                                        Staphylinides.   (6)

75   Antennes composées de onze articles.   Psélaphides.   (7)

—   —   de six articles seulement.

                                        Clavigérides.   (8)

TABLE II.

ANALYSE DES GENRES.

I. — CICINDÉLIDES.

Antennes de onze articles, sétacées, insérées sur le front et
au-dessus de la base des mandibules. Ces dernières sont armées
près de leur pointe de deux dents; mâchoire formée d'un seul
lobe terminé par une dent mobile et munie de deux palpes dont
l'un à quatre, l'autre à deux articles; languette cornée sans
paraglosses; ventre composé de cinq anneaux, dont les trois premiers sont soudés; tarses à cinq articles, étroits et allongés.
Yeux proéminents. Cette famille n'est représentée en Belgique
que par le seul genre . . . . **Cicindela** ([1]).

II. — CARABIDES ([2]).

Antennes composées de onze articles, filiformes ou sétacées,
insérées derrière la base des mandibules; ces dernières avec une

---

(1) Pour les espèces, consulter : J. Bourgeois, *Tableau synoptique des espèces
françaises du genre Cicindela* (Feuille des jeunes naturalistes, t. VI, p. 98).

(2) P. les esp.; voir : Dejean, *Species des Coléoptères*, t. Ier à V, mieux
encore, Schaum, *Naturgeschichte der Insecten Deutschlands, d'Erichson*, t. Ier,
Bedel, *Catalogue des Coléoptères du bassin de la Seine*, et Fauvel, *Faune gallo
rhénane* (Bull. de la Soc. française d'Entomologie).

seule dent à leur base; mâchoires à un seul lobe sans dent mobile, et munies de deux paires de palpes, l'une à quatre, l'autre à deux articles; pattes propres à la course, les tibias des pattes antérieures sont souvent élargis; tarses à cinq articles, dont souvent, chez les mâles, une partie sont élargis aux tarses antérieurs; ventre composé de six à huit anneaux, dont les trois premiers sont soudés.

1   Tibias antérieurs profondément échancrés près de leur sommet et sur le côté intérieur 11

    —   —   sans échancrure 2

2   —   —   avec deux épines placées à leur sommet et l'une au-dessus de l'autre 3

    —   —   avec deux épines placées l'une à côté de l'autre 6

3   Écusson recouvert par la base du thorax. Prosternum relié au métasternum par une large plaque, qui recouvre entièrement le mésosternum; corps court, ovoïde et fortement bombé.   **Omophron.**

    —   découvert et visible. 4

ELAPHRIDAE.

4   Prosternum terminé en arrière par une ligne droite . 5

    —   —   —   par un appendice ovale, en forme d'anneau échancré correspondant à une fosse du mésosternum; corps petit, dont les côtés sont parallèles.   **Notiophilus** (1).

5   Tête avec des yeux assez peu proéminents, beaucoup plus étroite que le thorax, dont les côtés sont rebordés . .   **Blethisa.**

(1) P. les esp., voir : Putzeys, *Note sur les Notiophilus* (Mém. de la Soc. des Sc. de Liège, 2ᵉ série, t. Iᵉʳ)...

Tête, y compris les yeux, très proéminents, au moins aussi large que le thorax ; les bords de celui-ci très finement rebordés.   **Elaphrus** ([1]).

CARABIDAE.

6 Prosternum muni d'un prolongement aigu en arrière des hanches antérieures, et correspondant à une fosse du mésosternum 7

—   sans ce prolongement.   **Cychrus.**

7 Corps de la mâchoire simple, sans denture 8

—   —   denté ou digité à son côté externe.

        Leistus.

8 Échancrure du menton armée d'une dent simple au milieu. 9

—   —   —   d'une dent à deux pointes.   **Nebria.**

9 Dent du menton aiguë ; labre avec une seule échancrure 10

—   —   large, à bout tronqué ou faiblement échancré ; labre avec deux échancrures.

        Procrustes.

10 Troisième article des antennes comprimé à sa base.

        Calosoma.

—   —   —   cylindrique, non aplati.

        Carabus.

11 Tibias antérieurs plus ou moins échancrés du côté extérieur. 24

—   —   sans échancrure 12

(1) Voir Preudhomme de Borre (Ann. de la Soc. Ent. de Belg., t. XXVI).

BRACHINIDAE.

12 Abdomen composé chez les deux sexes de six anneaux
distincts 13
—   — chez la femelle de sept anneaux et
de huit chez le mâle, visibles à l'extérieur.
             Brachinus.

BEMBIDIIDAE.

13 Article terminal des palpes maxillaires au moins aussi
grand que l'avant-dernier article 14
—   —   — très petit, subulé.
             Bembidium ([1]).

14 Sommet des élytres coupé carrément 15
—   — arrondi. 25

LEBIIDAE ([2]).

15 Premier article des antennes de longueur notable,
aussi long ou plus long que la tête de l'insecte.
             Drypta.
—   —   — de longueur médiocre. 16

16 Tête reliée au thorax par un col cylindrique.
             Odacantha.
— plus ou moins retirée sous le thorax 17

17 Tarses antérieurs dépourvus d'épines à leur côté
extérieur. 18
—   — garnis d'épines à leur côté extérieur.   **Masoreus.**

(1) Voir Jacquelin du Val (Ann. de la Soc. Ent. de France, 1851 et 1852).
(2) Voir M. des Gozis, *Tabl. synopt. des Lebiidæ de France* (Feuille des jeunes
naturalistes, t. III, p. 123).

18 Quatrième article des tarses divisé en deux lobes . . . 19

   —   —   — simplement, échancré à son sommet 20

   —   —   — tout à fait simple . . . 21

19 Ongles dentelés.   **Demetrias.**

   — lisses.   **Aétophorus.**

20 Échancrure du menton avec une dent large et obtuse ; dernier article des palpes labiaux ovoïde ; antennes filiformes.   **Lebia.**

   —   — avec une grande dent au milieu ; dernier article des palpes labiaux faiblement sécuriforme ; à partir du quatrième article, les antennes sont presque moniliformes.   **Plochionus.**

21   —   — dépourvue de dent au milieu.   **Dromius.**

   —   — avec une dent au milieu. . . . 22

22 Dent du menton simple 23

   —   — à pointe échancrée.   **Metabletus.**

23 Ongles dentés en forme de peignes.   **Cymindis.**

   — non dentés.   **Lionychus.**

SCARITIDAE ([1]).

24 Chaperon armé de deux ou trois dents, côté intérieur des mandibules sans dents, échancrure du menton avec une très courte dent.   **Dyschirius.**

   — sans dents, côté intérieur des mandibules avec trois petites dents à la base ; la dent du menton dépasse un peu en longueur les deux côtés de l'échancrure.   **Clivina.**

(1) P. les esp., voir : Putzeys, *Monographie des Clivina et genres voisins* (Mém. de la Soc. des Sc. de Liège, t. II) et *Revision générale des Clivinides* (Ann. de la Soc. Entom. de Belg., t. X).

25 Tarses antérieurs du mâle avec deux ou trois articles élargis **26**

  — — — avec quatre articles élargis; le premier article l'est rarement, mais le quatrième l'est toujours. Les articles des tarses médians sont presque toujours élargis. Les deux premiers articles des antennes sont seuls glabres, les autres sont velus **46**

26 Les articles élargis sont quadrangulaires ou arrondis. **27**

  — — sont triangulaires ou cordiformes. **33**

CHLAENIDAE (¹).

27 Le dernier article des palpes est sécuriforme . . . **28**

  — — — ovoïde ou cylindrique. **29**

28 Thorax plus ou moins cordiforme ou quadrangulaire; son bord antérieur est fortement échancré. Echancrure du menton sans dent.   **Licinus.**

  — rond; échancrure du menton avec une dent divisée.   **Panagæus.**

29 Échancrure du menton avec une dent au milieu . . **30**

  — — dépourvue de dent au milieu.   **Badister.**

30 Dent du menton avec une pointe simple **31**

  — — — divisée. **Chlænius.**

31 Antennes filiformes **32**

  — avec des articles noueux à leur base et garnies de longs poils.   **Loricera.**

32 Dernier article des palpes aigu.   **Callistus.**

  — — — tronqué.   **Oodes.**

---

(1) Voir Preudhomme de Borre (Ann. de la Soc. Entom. de Belg., t. XXI).

53 Dernier article des palpes ovoïde ou fusiforme, ou
en triangle plus ou moins tronqué à sa pointe. Trois
articles élargis aux tarses antérieurs du mâle . . 34
— — . — acuminé, ordinairement
aussi large à sa base que l'avant-dernier article; très
rarement, il est sécuriforme. Tarses antérieurs des
mâles avec deux articles élargis seulement. 51

FERONIDAE (¹).

54 Thorax plus ou moins rapproché et joignant la base
des élytres 35
— séparé de l'arrière-corps par un pédoncule
plus ou moins distinct; les élytres sont étranglées à
leur base et les épaules complètement rondes. . . 45

55 Les articles élargis des tarses, chez le mâle, sont triangulaires ou cordiformes, presque plus longs que
larges, garnis en dessous de deux rangées de poils
en brosse. 36
— — — sont plus larges que longs
et triangulaires, garnis en dessous ordinairement de
petites écailles verruqueuses 42

56 Ongles dentés ou crénelés 37
— lisses 40

57 Article terminal des palpes labiaux presque sécuriforme.   **Taphria.**
— — — cylindrique 38

58 Échancrure du menton avec une dent simple; angles
postérieurs du thorax arrondis. - **Dolichus.**
— — avec une dent divisée ou
échancrée à son extrémité; angles postérieurs du
thorax presque droits 39

(1) Voir Vanden Branden (Bull. de la Soc. Natur. dinantais, t. I").

39 Dent du menton échancrée à sa pointe ; la moitié postérieure des ongles est crénelée en forme de dents. **Pristonychus** [1].

— — divisée en deux pointes, ongles dentelés dans toute leur longueur. **Calathus** [2].

40 Troisième article des antennes presque deux fois et demie aussi long que le quatrième. **Sphodrus** [3].

— — de beaucoup pas aussi long **41**

41 Échancrure du menton armée d'une dent à son milieu. **Anchomenus.** [4]

— — sans dent. **Olisthopus.**

42 Tibias antérieurs armés d'une seule épine à leur sommet **43**

— — — de deux épines. **Zabrus.**

45 Premier article des antennes comprimé sur le côté de façon qu'il se forme, à son bout, une marge tranchante. **Pœcilus** [5].

— — — tout à fait arrondi . . . **44**

44 Dernier article des palpes maxillaires cylindrique ou fusiforme avec la pointe tronquée, ou bien sécuriforme. **Feronia** [6].

— — — ovoïde. **Amara** [7].

(1) P. les esp., voir : Schaufuss, *Monographie der Sphodriden*.
(2) Voir Preudhomme de Borre (Ann. de la Soc. Ent. de Belg., t. XXIII).
(3) Voir Schaufuss, *Monographie der Sphodriden*.
(4) Voir Preudhomme de Borre (Ann. de la Soc. Ent. de Belg., t. XXII).
(5) Voir de Chaudoir, Abeille, 1875.
(6) Voir de Chaudoir, Bull. Natur de Moscou, 1838, et Abeille, t. V.
(7) Voir Putzeys, *Monographie des Amara* (Abeille, t. XI).

45 Mandibules fortement proéminentes, droites à leur base et ne se recourbant en crochets que vers leur pointe. **Stomis.**

— peu proéminentes, présentant une courbe dès leur base. **Broscus.**

HARPALIDAE.

46 Les articles élargis des tarses du mâle sont garnis de poils en dessous 47

— — — sont garnis d'écailles verruqueuses. 48

47 Échancrure du menton avec une courte dent au milieu. **Diachromus.**

— — — sans dent au milieu. **Anisodactylus.**

48 . La pointe du dernier article des palpes est tronquée. **Harpalus.**

— — — — est à peu près aiguë 49

49 Échancrure du menton sans dent; les tarses antérieurs et médians sont élargis chez le mâle . . . 50

— — avec une petite dent pointue au milieu; les tarses antérieurs sont seuls élargis chez le mâle. **Bradycellus.**

50 Le quatrième article des tarses antérieurs est divisé en deux lobes. **Stenolophus.**

— — — — est cordiforme et faiblement échancré à sa pointe. **Acupalpus.**

TRECHIDAE.

51 Milieu de l'échancrure du menton avec une dent divisée à sa pointe 52

—   —   —   avec une dent simple; corps aptère 54

52 Bord antérieur du labre coupé en ligne droite ou faiblement arrondi 53

—   —   —   échancré ou entaillé en triangle; dessus du corps glabre.   **Trechus** (¹).

—   —   —   bisinué; dessus du corps finement velu.   **Blemus.**

53 Les trois articles qui composent le palpe maxillaire sont de longueur très différente; le dernier est beaucoup plus court que l'avant-dernier, et celui-ci plus court que le deuxième; les bords de l'échancrure du menton ont les pointes arrondies.   **Pogonus** (²).

—   —   —   —   —

sont tous à peu près de même longueur; les pointes des bords de l'échancrure du menton sont aiguës.

                 Patrobus.

54 Dent du menton large et arrondie; tête beaucoup plus étroite que le thorax.   **Epaphius.**

—   —   pointue, triangulaire; tête grosse, aussi large que le thorax; celui-ci cordiforme, avec deux profondes impressions sur le front et brusquement étranglé en forme de col derrière les yeux; ceux-ci sont petits et aplatis.   **Aepus.**

(1) P. les esp., voir : Putzeys, *Trechorum europœorum Conspectus* (Stett. Ent. Zeit., 1847 et 1870).

(2) P. les esp., voir : de Chaudoir (Ann. Ent. de Belg., 1871).

III. — DYTISCIDES (¹).

Antennes avec dix ou onze articles, sétacées ou filiformes ; très rarement, il existe quelques articles épaissis au milieu de l'antenne ; mâchoires à un seul lobe, avec deux paires de palpes : l'une à deux, l'autre à quatre articles ; pieds postérieurs pentamères et ne pouvant se mouvoir que dans le sens horizontal ; les pieds antérieurs sont quelquefois pseudotétramères ; ventre composé de sept anneaux, dont les trois premiers sont soudés entre eux. Les insectes de cette famille vivent sous l'eau, où ils se nourrissent d'autres insectes aquatiques.

1 Antennes composées de onze articles 2
    —   —   de dix articles ; hanches postérieures aplaties et recouvrant le fémur. 12

2 Tarses antérieurs distinctement pentamères . . . 3
    —   —   pseudotétramères, le quatrième article étant très petit 11

5 Écusson visible. 4
    — invisible 10

4 Dernier article de l'abdomen visiblement échancré à l'anus.   **Dytiscus** (²).
    —   —   non échancré. . . . 5

5 Saillie du prosternum vers le mésosternum plus ou moins aiguë 6
    —   —   avec une pointe arrondie . . 9

6 La saillie est plate, avec des bords relevés, et fortement courbée, de façon que, l'insecte étant vu couché sur

(1) P. les esp., voir : Aubé, *Spec. des Hydrocanthares,* von Kiesenwetter, *Naturg. Ins. Deutschl.*, t. I", 2ᵉ partie, et Sharp (Trans. Dublin Nat. Hist. Soc., 1882).

(2) P. les esp., voir : *Caractères spécifiques des Dytiscus d'Europe,* par Régimbart Feuille des jeunes naturalistes, juillet 1877).

le dos et considéré par dessous, le prosternum a l'air plus élevé que le métasternum. **Pelobius.**

La saillie est carénée et sans bords relevés 7

7 Écusson triangulaire, pointu; pieds postérieurs avec une seule griffe immobile. **Cybister.**

—   —   obtus; pieds postérieurs avec deux griffes 8

8 Pieds postérieurs avec deux griffes égales et mobiles. **Agabus.**

—   —   —   inégales; la supérieure est immobile et un peu plus courte que l'autre; deuxième et troisième articles des palpes labiaux à peu près de même grandeur. **Ilybius.**

—   —   —   inégales, dont la supérieure est immobile et presque trois fois plus longue que l'autre; dernier article des palpes labiaux plus court que l'avant-dernier. **Colymbetes.**

9 Tarses antérieurs du mâle élargis en forme de palettes, avec une grande ventouse au bas de la palette; élytres de la femelle avec quatre sillons. **Acilius.**

Les ventouses sont entre elles à peu près de même grandeur; élytres de la femelle sans sillons. **Hydaticus.**

10 Antennes minces, filiformes; pieds postérieurs avec deux griffes d'inégale longueur. **Laccophilus.**

— un peu épaissies dans leur milieu; pieds postérieurs avec deux griffes mobiles d'égale longueur. **Noterus.**

11 Pieds postérieurs avec deux griffes inégales, dont la
      supérieure est immobile.   **Hyphydrus.**

      —   —   —   égales et mobiles.
                                              Hydroporus.

12 Dernier article des palpes maxillaires très petit et
      pointu ; l'avant-dernier est épais.   **Haliplus.**

      —   —   —   conique et plus
      grand que les autres.   **Cnemidotus.**

IV. — GYRINIDES (¹).

Premier article des antennes très grand, formant une espèce
d'oreille, de laquelle sortent les autres articles, sous forme d'une
petite massue fusiforme ; en apparence, quatre yeux, dont deux
au-dessus et deux au-dessous des côtés de la tête ; les pieds postérieurs sont propres à la nage ; ventre composé de six anneaux.
Ces insectes se tiennent surtout à la surface des eaux claires, où
ils se meuvent circulairement et avec rapidité.

      Dernier anneau de l'abdomen aplati, et arrondi à sa
      pointe.   **Gyrinus.**

      —   —   —   triangulaire, long,
      conique et aigu.   **Orectochilus.**

V. — HYDROPHILIDES (²).

Antennes courtes et en massue, formées de six à neuf articles ;
pieds pentamères ; mâchoire à deux lobes ; palpes maxillaires
aussi longs ou plus longs que les antennes ; ventre composé de
cinq ou six anneaux ; pieds postérieurs la plupart du temps

---

(1) P. les esp., voir : Aubé, *Spec. des Hydrocanth.*, von Kiesenwetter, *Naturg.
Ins. Deutschl.*, t. I⁰, 2ᵉ partie, et Régimbart (Ann. de la Soc. Entom. de France,
1882 et 1883).
(2) P. les esp., voir : Mulsant, *Coléop. de France, Palpicornes.*

propres à la nage. Ces insectes vivent dans l'eau, nagent peu et grimpent sur les plantes aquatiques.

1   Premier article du tarse court ; toujours plus court que le suivant et se trouvant quelquefois caché dans la pointe du tibia 2

    —   —   —   —   long que le deuxième. 14

2   Le labre est libre et n'est pas recouvert par le chaperon.   3

    —   est caché sous le chaperon ; celui-ci est profondément échancré dans le milieu ; antennes à six articles seulement.   **Spercheus.**

3   Thorax beaucoup plus étroit à sa base qu'à son bord antérieur 4

    —   plus large à sa base qu'à son bord antérieur .   7

4   Dernier article des palpes maxillaires plus long que l'avant-dernier ; abdomen composé de cinq anneaux.   5

    —   —   —   plus court que l'avant-dernier ; abdomen composé de six anneaux . . .   6

5   Antennes composées de neuf articles et terminées par une massue allongée, de trois articles ; thorax beaucoup plus large que long.   **Helophorus.**

    —   —   de sept articles et terminées par une massue de trois articles ; thorax aussi long ou plus long que large.   **Hydrochus.**

6   —   —   de neuf articles, avec une massue de cinq articles ; les hanches antérieures sont placées l'une contre l'autre.   **Ochthebius.**

    —   —   de sept articles, avec une massue

de quatre articles ; hanches antérieures séparées l'une
de l'autre par une saillie du prosternum.

Hydræna (¹).

7   Les quatre pieds postérieurs sont fortement aplatis en
    forme de rames et frangés de poils raides du côté
    intérieur ; les mésosternum et métasternum forment
    une élévation carénée, qui s'étend sous forme de
    pointe postérieure dépassant plus ou moins les
    hanches postérieures   8
    Les pieds postérieurs ne sont pas aplatis en forme
    de rame et le métasternum n'est pas prolongé en
    pointe.   9

8   Le mésosternum passe entre les hanches antérieures, à
    l'état de grande plaque carénée ; prosternum se pré-
    sentant sous la forme d'un cône pointu et incliné vers
    le menton ; la saillie épineuse de la poitrine, longue
    et atteignant presque le bord du deuxième anneau
    du ventre.   Hydrophilus.
    —   n'atteint que jusqu'au milieu des
    hanches antérieures et se rencontre là avec le pro-
    sternum ; celui-ci est fortement relevé en carène et
    terminé par une pointe aiguë ; la saillie de la poitrine
    est courte et atteint à peine les trochanters posté-
    rieurs.   Hydrous.

9   Ventre formé de quatre anneaux seulement distincts ;
    antennes de neuf articles avec une massue de trois
    articles.   Cyllidium.
    —   —   de cinq anneaux 10
    —   —   de sept anneaux ; antennes à huit ar-
    ticles avec une massue composée de trois articles.
                                     Limnebius.

<hr>

(1) P. les esp. v. von Kiesenwetter, *Linnæa Entom.*, IV.

10 Antennes formées de neuf articles 11

    —   — de huit articles 13

11 Dernier article des palpes maxillaires plus court que
le précédent 12

    —   —   — plus long que
le précédent. **Hydrobius.**

12 Mésosternum faiblement relevé en bosse entre les
hanches médianes ; les élytres ne présentent point de
sillons longitudinaux à côté de la suture.

                                   Helochares.

Le mésosternum entre les hanches médianes est relevé
en carène tranchante ; élytres avec une ligne profonde
de chaque côté de la suture. **Philhydrus.**

13 Yeux plats, ne dépassant que peu, ou même pas, les
côtés de la tête ; l'écusson forme un triangle équila-
téral. **Laccobius.**

    — très gros, proéminents, hémisphériques ; écusson
en forme de triangle allongé et étroit. **Berosus.**

14 Prosternum aminci en pointe à l'arrière 15

    — avec une échancrure ou une entaille à
l'arrière, dans laquelle s'adapte un prolongement du
mésosternum. 18

15 Antennes composées de neuf articles 16

    —   — de huit articles. **Sphæridium.**

16 Hanches médianes séparées entre elles par un prolongement aigu du métasternum ; chaque élytre séparément est arrondie à son sommet. **Cyclonotum.**

    —   — non séparées par un prolongement
du métasternum. 17

17 Le mésosternum forme entre les hanches médianes une
plaque linéaire ou amincie à ses deux extrémités.

Cercyon (1).

Cette plaque a ses côtés parallèles, elle est acuminée
par-devant et tronquée droit en arrière.

Pelosoma.

18 Prothorax à bords latéraux repliés en dessous, par
suite non tranchants, formant inférieurement une
espèce de triangle renversé ; les tibias antérieurs
n'ont pas d'échancrure. Cryptopleurum.

— non replié, tibias antérieurs fortement
échancrés du côté extérieur et avant leur pointe.

Megasternum.

VI. — STAPHYLINIDES (2).

Élytres raccourcies, rarement plus longues que la poitrine et
laissant l'abdomen en grande partie découvert ; celui-ci est composé de six à sept anneaux cornés et mobiles ; marge suturale des
élytres droite ; les ailes, qui existent presque toujours, peuvent
se replier totalement sous les élytres ; le corps est presque toujours allongé, rarement ramassé. Antennes formées habituellement de onze articles, très rarement de dix, et dans un seul
genre de neuf ; tarses de cinq, quatre ou même trois articles. Ces
insectes se nourrissent de matières végétales ou animales et se
trouvent dans le voisinage des matières en décomposition.

1 Dessous du thorax, à partir des hanches antérieures et
vers l'arrière, formé simplement d'une peau . . . 2

— — au moins en grande partie de substance cornée 3

(1) P. les esp. v. Murray, *Ann. Nat. Hist.*, 1853.
(2) P. les esp. v. Fauvel, *Faune gallo-rhénane*, III, et Kraatz, dans *Erichs. Naturg. d. Ins. Deutschl.*, II.

2   Antennes insérées en avant de la tête et sur le bord
      intérieur des yeux   9
      —   —   sous les bords latéraux du front et
      devant les yeux 30
            —   — devant le front et en dedans des
      mandibules 38

3   Hanches postérieures coniques et rapprochées entre
      elles   4
      —   —   transverses et rapprochées entre
      elles   5
      —   —   sphériques et éloignées entre
      elles ; tarse composé de trois articles seulement.
                                        Micropeplus.

4   Antennes insérées sous les bords latéraux du front . . . 51
      —   —   sur le front même 58

5   Trochanter des pattes postérieures simple et petit . .   6
      —   —   —   long et supportant.   7

6   Hanches antérieures coniques et saillantes 60
      —   —   sphériques et peu saillantes.
                                        Prognatha.

7   Hanches antérieures coniques et saillantes   8
      —   —   presque cylindriques et peu sail-
      lantes 73

8   Tête sans yeux auxiliaires.   **Phlœocharis.**
      — avec des yeux auxiliaires 67

ALEOCHARINI.

9   Le dernier article des palpes maxillaires est beaucoup
      plus court que l'avant-dernier, ou bien il n'est jamais
      épaissi ; le côté extérieur du lobe intérieur de la

15 Languette allongée, atteignant presque l'extrémité du deuxième article des palpes labiaux ; celui-ci est plus mince et un peu plus court que le premier article.

Ocalea.

— courte, atteignant à peine l'extrémité du premier article des palpes labiaux ; ces articles ne diminuent que de peu, mais cependant sensiblement jusqu'à la pointe. **Calodera.**

16 — — fendue jusqu'à sa moitié ; thorax large et arrondi par derrière. **Oxypoda.**

— étroite, atteignant jusqu'à la moitié du deuxième article des palpes labiaux, profondément fendue ; thorax plus de deux fois aussi large à l'arrière qu'il n'est long, profondément échancré des deux côtés, et les angles postérieurs fortement proéminents. **Dinarda.**

17 Antennes à onze articles. **Hygronoma.**

— à dix articles. **Oligota.**

18 Mandibules à pointe simple 19

— — divisée **Schistoglossa.**

19 Languette simple, ni échancrée, ni fendue 20

— fendue 22

— divisée en deux parties, dont chacune est également fendue à la pointe. **Autalia.**

20 Les quatre premiers articles des tarses postérieurs sont à peu près entre eux de même longueur. **Silusa.**

Le premier article des tarses postérieurs est plus long que le deuxième. 21

21 Corps à peu près cylindrique ; thorax seulement moitié aussi large que long, avec sa base à peine sinuée.

Leptusa.

Corps plat ; thorax mesuré à l'arrière deux fois aussi large que long, la plupart du temps presque plus large que les élytres, avec sa base distinctement sinuée de chaque côté.   **Euryusa.**

22 Premier article des tarses postérieurs distinctement plus long que le deuxième. 23

—   —   —   —   à peine plus long que le deuxième.   /   **Homalota.**

23 Tête dégagée et plus ou moins étranglée en arrière. . 24

— plus ou moins retirée et non étranglée en arrière 26

24 Languette atteignant au moins la moitié du deuxième article des palpes labiaux ; celui-ci est à peine plus long que le dernier article 25

—   — à peine la pointe du premier article des palpes labiaux ; le deuxième article beaucoup plus court et plus épais que le dernier article.   **Tachyusa.**

25 — courte.   **Falagria.**
    — mince et longue.   **Bolitochara.**

26 — fendue jusqu'à la moitié de sa longueur ; angles postérieurs du prothorax non proéminents.   **Myrmedonia.**

— courte et large, simplement échancrée à sa pointe ; la base du thorax est évidée de chaque côté, et ses angles sont fortement proéminents vers l'arrière.   **Lomechusa.**

27 —   — et arrondie au bout. **Gyrophæna.**
    —   — et divisée au bout en deux pointes.   **Agaricochara.**

28 . Mandibules simples. **Myllæna**.

— garnies derrière leur pointe d'un ou de deux crochets 29

29 — armées d'une seule grande dent derrière leur pointe ; tous les tarses sont pentamères. **Gymnusa**.

— avec deux grosses dents derrière leur pointe ; tous les tarses sont trimères. **Dinopsis**.

TACHYPORINI (¹).

50 Tarses tétramères **Hypocyptus**.

— pentamères 31

51 Élytres plus longues que la poitrine 32

— seulement aussi longues que la poitrine . . 36

52 Antennes en forme de cheveux ; garnies de poils dans leur milieu. **Habrocerus**.

— filiformes 33

53 Palpes maxillaires subuliformes 34

— — filiformes 35

54 Abdomen bordé. **Tachyporus**.

— non bordé. **Conurus**.

55 Mésosternum relevé en carène ; premier article des tarses postérieurs très allongé. **Leucoparyphus**.

— non relevé en carène ; articles des tarses diminuant peu à peu et insensiblement de longueur jusqu'au bout. **Tachinus**.

(1) Pour les esp. v. Pandellé, Ann. Soc. ent. de France, 1869.

56   Antennes filiformes 37
— en forme de cheveux et confusément velues.
Trichophyus.

57   Dernier article des palpes maxillaires aussi long ou plus long que l'avant-dernier.   **Boletobius.**

—   —   —   seulement de moitié aussi long et beaucoup plus mince que l'avant-dernier.   **Mycetoporus** (¹).

STAPHYLININI.

58   Les côtés du thorax, dont les bords sont repliés, forment une surface biaise qui, au-dessus et en dessous, est limitée par une fine ligne en relief 39
Cette surface est peu distincte; la ligne de dessous est tellement reculée vers le haut, que le thorax ne paraît être bordé que par une seule ligne. 48

59   Antennes insérées entre les mandibules et sur une même ligne qu'elles 40
—   —   devant la racine des mandibules . 45

40   Le quatrième article des palpes maxillaires est plus court que le troisième. 41

—   —   —   est aussi long ou plus long que le troisième 43

41   Thorax recouvert de poils serrés 42
— non recouvert de poils.   **Creophilus.**

42   Antennes un peu épaissies; fortement transverses à partir du sixième jusqu'au dixième article.   **Emus.**
— filiformes; le troisième article est sensiblement plus long que le deuxième.   **Leistotrophus.**

(¹) P. les esp. v. Mæklin. *Symbol. spec. Mycet*, 1847.

45 Languette échancrée 44
— non échancrée **Philonthus.**

44 Hanches médianes écartées entre elles. **Staphylinus.**
— — rapprochées entre elles. **Ocypus.**

45 Antennes géniculées 46
— droites ou imparfaitement coudées. . . . 47

46 Palpes subuliformes. **Leptacinus.**
— filiformes. **Xantholinus.**

47 Labre profondément découpé au milieu ; élytres sans raies en creux à côté de la suture. **Othius.**
— simplement échancré ; élytres avec de profonds sillons creusés aux côtés de la suture. **Baptolinus.**

48 Palpes maxillaires filiformes 49
— — avec le dernier article petit et subulé. **Heterothops.**
— — avec le dernier article sécuriforme. **Astrapæus.**

49 — labiaux filiformes, ou bien avec le dernier article faiblement élargi et tronqué 50
— — avec le dernier article sécuriforme. **Euryporus.**
— — avec le dernier article en demi-lune. **Oxyporus.**

50 Antennes géniculées. **Acylophorus.**
— droites. **Quedius.**

PAEDERINI.

51 Quatrième article des tarses postérieurs simple. . 52
— — — — divisé en deux lobes 57

STENINI.

OXYTELINI.

60 Tarses trimères 61

     — pentamères. 65

61 Tous les tibias sont inermes. 62

     Tibias antérieurs garnis d'une rangée de poils épineux. 63

         —   —   avec deux rangées de poils épineux.
                                       Bledius.

62 Écusson visible   **Ancyrophorus.**

     — invisible.   **Trogophlœus.**

63   — petit et court, apparaissant à peine entre les
élytres. 64

         — assez grand, triangulaire, évidé en gouttière
de chaque côté.   **Platystethus.**

64 Hanches médianes écartées l'une de l'autre.
                                 Oxytelus.

       —   — rapprochées l'une de l'autre.
                                 Phlœonæus.

65 Antennes plus ou moins filiformes ou faiblement épaissies à leur pointe 66

     — avec les trois derniers articles sensiblement
plus gros.   **Syntomium.**

66 Tibias antérieurs épineux.   **Coprophilus.**

     —   — non épineux   **Deleaster.**

OMALINI.

67 Mandibules dentées, soit derrière leur pointe, soit dans
leur milieu, soit aux deux mandibules, soit seulement
à l'une d'elles. 68

     — sans dents 70

68 Mandibules divisées en deux dents à leur pointe.

                        Anthophagus.

    —   avec une dent au milieu ou une seule man-
dibule dentée. 69

69 Une seule des mandibules est dentée.   **Omalium.**
Les deux mandibules ont une dent au milieu.

                           Lesteva.

70 Languette faiblement échancrée à son sommet . . . 71
    —   profondément divisée en deux lobes, ou
échancrée triangulairement 72

71 Lobe interne de la mâchoire court; lobe externe élargi.

                       Lathrimæum.

    —   —   —   long et allongé.

                       Olophrum.

72 Tibias antérieurs garnis de petites épines.   **Acidota.**
    —   —   sans épines.   **Anthobium.**

PROTEININI.

73 Tête sans yeux auxiliaires 74
    — avec un seul œil auxiliaire au milieu du front.

                       Plœobium.

74 Antennes avec trois plus gros articles au bout.

                       Proteinus.

    — avec un seul article plus gros au bout; angles
postérieurs du prothorax échancrés.   **Megarthrus.**

VII. — PSÉLAPHIDES ([1]).

Élytres raccourcies, laissant une grande partie de l'abdomen à
découvert; ce dernier est composé de cinq anneaux peu mobiles

(1) P. les esp. v. Aubé. Mag. de Zool., 1833, et Ann. Soc. ent. de France, 1844,
de Saulcy, dans les Mém. de la Soc. d'hist. nat. de Metz, et Reitter, *Verh. Zool.
Bot. Ges. Wien,* 1882.

et cornés; antennes formées de onze, rarement de dix articles,
elles sont ordinairement en massue, rarement moniliformes;
palpes maxillaires très grands, tarses dimères ou trimères. Les
insectes de cette famille sont de petite taille et vivent, dans les
fourmilières ou dans leur voisinage.

1 Antennes très rapprochées à leur base 2
    — éloignées à leur base 5

2 Bouts des pieds armés de deux griffes. 3
    — — — d'une seule griffe 4

3 Palpe maxillaire formé de trois articles. **Chennium.**
    — — — de quatre articles. **Tyrus.**

4 Dernier article des palpes maxillaires oviforme plus ou
    moins allongé. **Pselaphus.**
    — — — séculiforme.
                                    Tychus.

5 Pieds armés de deux grosses griffes inégales. . . . 6
    — d'une seule griffe 7

6 Antennes moniliformes; les neuvième et dixième articles
    sont à peine plus grands que les précédents; le der-
    nier est plus gros et ovoïde   **Batrisus.**
    Neuvième et dixième articles de l'antenne distinctement
    plus gros que les précédents; le dernier très gros et
    oviforme. **Trichonyx.**

7 Dernier article des palpes maxillaires ovoïde, fusi-
    forme ou conique 8
    — — — séculiforme.
                                    Bythinus.

8 Ventre composé de cinq anneaux. **Bryaxis.**
    — — de six anneaux. **Euplectus.**

VIII. — CLAVIGÉRIDES (¹).

Élytres raccourcies laissant l'abdomen en partie à découvert ; celui-ci composé de cinq anneaux dont les trois premiers sont soudés sur le côté supérieur ; antennes à six articles ; palpes très petits ; tarses composés de trois articles.

Un seul genre. **Claviger.**

IX. — SCYDMAENIDES (²).

Antennes ordinairement droites, très rarement géniculées et composées de onze articles, graduellement épaissis jusqu'au bout, ou quelquefois avec un bout composé de plus gros articles ; palpes maxillaires très gros et longs, presque plus longs que la tête, avec le dernier article ordinairement très petit ; abdomen composé de six anneaux complètement recouverts par les élytres, les ailes manquent ; pattes grêles ; hanches antérieures saillantes et sphériques ; les postérieures coniques, très éloignées les unes des autres ; tarses pentamères. Ce sont de très petits insectes, vivant sous les écorces, dans le voisinage des fourmis.

1 Thorax aussi large ou plus large que les élytres . . 2

— plus étroit que les élytres et séparé du tronc par un col court ; premier article des palpes labiaux très court. **Scydmænus.**

2. Mandibules avec la pointe échancrée ; thorax étranglé à l'arrière. **Cephennium.**

— — — simple ; thorax carré ; élytres un peu tronquées. **Eutheia.**

(1) Voir Reitter, *Verh. Zool. Bot. Ges. Wien*, 1882.
(2) P. les esp. v. Schaufuss, *Nov. Act. Acad. Nat. Curios.*, 1866, et Reitter, *Verh. Zool. Bot. Ges. Wien*, 1882.

X. — SILPHIDES (¹).

Antennes composées de dix ou onze articles, insensiblement épaissies à leur sommet ou terminées par plusieurs articles plus gros, rarement presque filiformes ; parapleures du métathorax libres ; ventre composé de six anneaux ; hanches antérieures cylindrico-coniques et saillant des cavités cotyloïdes ; les hanches postérieures sont rapprochées l'une de l'autre, rarement éloignées, mais, dans ce cas, les antennes sont au moins aussi longues, sinon plus longues que le corps ; trochanters appuyants ; fémurs postérieurs dépourvus de gouttière pour recevoir les tibias ; tarses pentamères, articles simples, au moins aux tarses postérieurs ; quelquefois les tarses antérieurs sont tétramères.

1   Antennes formées de onze articles, s'épaississant peu à peu ou terminées par trois à cinq gros articles. . . .   2

    —   —   de dix articles avec une très forte tête composée de quatre articles feuillés.

                                        Necrophorus (²).

2   Dernier article des palpes maxillaires conique, plus petit que l'avant-dernier   3

    —   —   —   ovoïde ou cylindrique, peu différent de taille de l'avant-dernier .   4

3   Antennes plus ou moins minces ; les cinq derniers articles agrandis ; le huitième article plus petit que le septième et le neuvième.   **Choleva** (³).

    —   aplaties, peu épaissies à leur sommet ; le huitième article de même grandeur que ses voisins.

                         Catopsimorphus.

---

(1) P. les esp. v. Fairmaire et Laboulbène, *Faune entomol. de France*, 1.

(2) P. les esp. v. *Tableau synopt. des Nécrophores de France*, par Heckel et Dragusevics (Feuille des jeunes Natur., févr. 1877).

(3) P. les esp. v. Murray, *Ann. and Mag. of Nat. Hist.*, 1856

Antennes assez courtes, en massue ; le huitième article
plus gros que le septième.   **Colon** (1).

4   —   insensiblement épaissies jusqu'à leur sommet,
ou avec trois plus gros articles à leur bout.

                                        Silpha.

        —   filiformes, ou terminées par cinq plus gros
articles.   **Agyrtes.**

XI. — ANISOTOMIDES (2).

Antennes formées de neuf à onze articles et terminées par plusieurs articles plus gros, ou en massue de trois à cinq articles, parapleures du métathorax plus ou moins recouvertes par la marge latérale repliée des élytres ; hanches antérieures coniques, dégagées des cavités cotyloïdes ; hanches postérieures rapprochées l'une de l'autre ; trochanters simples ; articles des tarses en nombre très variable suivant les sexes et les espèces, simples au moins aux tarses postérieurs. Ce sont de petits insectes ovoïdes, très voûtés, ayant la faculté de se rouler en boule ; ils se nourrissent de champignons et de végétaux en décomposition.

1   Hanches postérieures très grosses, aplaties en forme de
        disque, recouvrant totalement les pattes postérieures.
                                        Clambus (3).

        —   —   non élargies et ne recouvrant pas
        les pattes postérieures   2

2   Antennes avec une massue de cinq articles, dont le
        deuxième est petit   3

            —   quatre gros articles au bout.
                                        Amphicyllis.

            —   seulement trois gros articles au bout .   5

(1) P. les esp. v. Tournier, Ann. Soc. Ent. de France, 1863.
(2) P. les esp. v. Erichson, *Naturg. Insect. Deutschl.*; III.
(3) V. Jacquelin-Duval, *Glanures entomol.*, 1859.

                                        6

3 Tous les tarses sont pentamères. **Hydnobius.**
  Les tarses postérieurs sont tétramères. 4

4 Mésosternum en forme de carène fine et tranchante.
          Anisotoma ([1]).
   — simple non caréné; métasternum muni
 d'une pointe obtuse qui s'avance entre les hanches
 médianes.   **Cyrtusa.**
   — non caréné, mais formant une petite saillie
 obtuse entre les hanches médianes. **Liodes.**

5 Chaperon séparé du front par un fin sillon; corps ne
 pouvant pas se rouler en boule. **Colenis.**
   — n'est pas séparé du front par un sillon; corps
 pouvant plus ou moins se rouler en boule.
         Agathidium ([2]).

XII. — SPHAERIIDES.

Antennes formées de onze articles, avec un bouton deux fois
étranglé; tarses avec deux articles indistincts; ventre composé
de trois anneaux; toutes les hanches sont transverses, aplaties;
hanches médianes très rapprochées l'une de l'autre.

Un seul genre et une seule espèce. **Sphærius.**

XIII. — TRICHOPTÉRYGIDES ([3]).

Antennes formées de onze articles, dont trois plus gros au
bout; ventre composé de six ou sept anneaux; hanches médianes
et antérieures éloignées les unes des autres; tarses trimères,

(1) P. les esp. v. Schmidt, *Germar Zeitschr.*, III, 1841.
(2) Voir Ch. Brisout, Ann. Soc. Ent. de France, 1872, et Sharp. Trans. Ent.
Soc. Lond., S. III, II.
(3) P. les esp. v. Matthews, *Monogr.*, in-4°, Londres, 1872; Allibert, *Rev.
Zool.*, 1844 et 1847; A. Gillmeister, dans *Sturm Kæfer*, XVII; Erichson, *Nat.
Ins. Deutschl.*, III.

garnis de poils entre les ongles ; ailes composées d'une membrane
fixée au bout d'une tige et frangées de longs cils. Ces très petits
insectes se trouvent dans les bouses de vache sèches ou dans les
végétaux en décomposition.

1   Ventre composé de cinq anneaux.   Ptenidium.
       —   —   de sept anneaux   2
2   Hanches postérieures élargies en forme de disque.
                                        Trichopteryx.
       —   —   de forme ordinaire.   Ptilium.

XIV. — SCAPHIDIIDES (¹).

Antennes droites, composées de onze articles, dont les cinq
derniers sont plus gros ; elles sont insérées sous les côtés du front
et devant le bord antérieur des yeux ; mâchoires à deux lobes
parcheminés ; hanches antérieures rapprochées l'une de l'autre,
dégagées et en forme de bouchons ; les hanches médianes et postérieures sont éloignées les unes des autres ; les premières sphériques, les dernières demi-cylindriques ; pattes grêles, tarses
simples et pentamères ; le dernier article est allongé ; ventre
composé de cinq à sept anneaux ; corps en forme de nacelle,
lisse et luisant.

1   Écusson libre et découvert   2
       —   caché par le bord postérieur du thorax ; le
    premier article des tarses postérieurs est plus long
    que les autres.   . Scaphisoma.
2   Premier article des tarses postérieurs plus long que les
    suivants ; yeux échancrés.   Scaphidium.
       —   —   —   plus court que
    les suivants ; yeux non échancrés.   Scaphium.

(1) P. les esp. v. aussi Erichson, *Nat. Ins. Deutschl.*, III.

XV. — HISTÉRIDES ([1]).

Antennes géniculées avec une massue annelée; mandibules proéminentes; mâchoires avec deux lobes de substance parcheminée; thorax échancré par devant et joignant en arrière exactement aux élytres; ces dernières sont courtes, tronquées et laissant à découvert les deux derniers anneaux de l'abdomen; ventre composé de cinq anneaux, dont le premier est très long; pieds rétractiles; hanches antérieures transverses, les postérieures ovales; elles sont éloignées les unes des autres; tarses pentamères avec des articles simples; quelquefois, mais très rarement, les tarses postérieurs sont tétramères. Ces insectes vivent de matières animales ou végétales en décomposition et se trouvent souvent dans les champignons et dans les fourmilières.

1 Tête pouvant se retirer sous le thorax jusqu'à la bouche; celle-ci se trouve recouverte en dessous par un prolongement du prosternum. 2

  — dégagée, non recouverte par le prosternum; corps aplati.   Hololepta.

2 Prosternum prolongé en un lobe arrondi qui recouvre la tête en dessous; une fine ligne transversale sépare ce lobe du prosternum. 3

  — dépourvu de ce lobe 7

3 Le prosternum contient en avant une cavité destinée à loger la tête de l'antenne 4

 Cette cavité se trouve au milieu du prosternum. . . 6

<hr>

(1) P. les esp. v. de Marseul. Ann. Soc. Ent. de France, 1853 à 1862; Fairmaire et Laboulbène, *Faune entomol. de France*, I.

4 La rigole des tibias, destinée à loger les tarses, est
     bordée sur un côté seulement, ou sans rebord . .   5
   Cette rigole est fortement rebordée de chaque côté;
     tibias postérieurs dentés; corps aplati.
                                          Platysoma.

5 Massue des antennes ovale avec trois ou deux articles.
                                          Hister.

     —   —   inarticulée, cylindrique ou tron-
   quée.   Hetærius.

6 Tibias larges; massue des antennes tronquée.
                                      Dendrophilus.

   — étroits; massue des antennes non tronquée.
                                      Paromalus.

7 Antennes insérées sur le front même   8

     —   —   sous les côtés du front.   Saprinus.

8 Thorax et élytres dépourvus de lignes en relief. . .   9

     —   —   rayés de lignes en relief.
                                      Onthophilus.

9 Corps arrondi, ovale, ou un peu carré   10

   — long, cylindrique; prosternum avec une échancrure en arrière, laquelle reçoit un prolongement à
   pointe émoussée du prosternum.   Teretrius.

10 Massue des antennes ovoïde; thorax sans sillons, ni en
   longueur ni en travers.   11

     —   —   presque sphérique; thorax avec
   un sillon transversal au milieu et un sillon en long
   sur chaque côté.   Plegaderus.

11 Tous les tarses sont pentamères.   Abræus.
   Les tarses postérieurs n'ont que quatre articles.
                                      Acritus.

XVI. — PHALACRIDES ([1]).

Antennes composées de onze articles avec une massue allongée
de trois articles; hanches antérieures sphériques, hanches postérieures transverses; le sommet des tibias est couronné de petites
épines fines et serrées; tarses composés de cinq articles, dont les
trois premiers larges et veloutés en dessous; le quatrième article
est très petit et se trouve caché dans lé troisième en même temps
que la base du dernier article; ventre composé de cinq anneaux.

1   Tous les tarses sont de la même longueur 2
      Les tarses postérieurs sont plus longs que les autres et
        le deuxième article est plus long que le premier.

                                         Olibrus.

2   Tibias garnis d'épines distinctes.   **Tolyphus.**

     —   —   peu distinctes.   **Phalacrus.**

XVII. — NITIDULIDES ([2]).

Antennes droites, en massue; les hanches antérieures et postérieures sont transverses; ventre composé de cinq à six anneaux
libres; tarses formés de cinq articles; rarement les tarses postérieurs n'en ont que quatre.

1   Hanches antérieures et postérieures plus ou moins en-
      foncées dans les cavités cotyloïdes 2
      —   —   —   allongées en forme
      de bouchon du côté intérieur et vers le trochanter;
      rapprochées l'une de l'autre; tarses à cinq articles
      arrondis et simples.   **Sphærites.**

[1] P. les esp. v. Erichson, *Nat. Ins. Deutschl.*, III.
[2] P. les esp. v. Edm. Reitter, *Systematische Eintheilung der Nitidularien*
dans Verhandlungen des naturforschenden Vereines in Brünn, Band XII,
1873; Murray, Trans. Linn. Soc. Lond., XXIV, 1864; Erichs., *Nat. Ins.
Deutschl.*, III.

2 Le quatrième article des tarses est petit ; les trois premiers sont ordinairement larges, triangulaires et garnis de feutres en dessous ; antennes à onze articles 3

— ne sont pas élargis ; les tarses postérieurs du mâle n'ont que quatre articles ; antennes à dix articles, terminées par une grosse tête annelée.

Rhizophagus (¹).

Le premier article des tarses est petit ; tous les articles simples 19

3 Mâchoire avec deux lobes . . . . 4.

— avec un seul lobe ; le lobe extérieur manque. 5

4 Le dernier article des palpes labiaux est presque sphérique ; les ongles des tarses ont une dent à leur base.

Brachypterus.

— — — est ovoïde ; ongles sans dent. **Cercus.**

5 Labre libre et de substance cornée 7

— caché sous le chaperon 6

6 Prosternum avec une saillie large et tronquée vers le mésosternum ; élytres entières. **Cryptarcha.**

— sans cette saillie ; élytres tronquées. **Ips.**

7 Élytres raccourcies, recouvrant à peine les trois ou quatre premiers anneaux. **Carpophilus.**

— ou entières, ou ne laissant à découvert que le dernier anneau 8

(1) P. les esp. v. Edm. Reitter, dans Verhandlungen des naturforschenden Vereines in Brünn, Band XI, 1872. *Die Rhizophagiden, Monographisch bearbeitet.*

8 La base du thorax dépasse la racine des élytres. . . 17
     —   —   ne la dépasse pas 9

9 Prosternum simple 10
     —   s'avançant vers le mésosternum 14

10 Les gouttières destinées à recevoir les antennes sont
    parallèles.   Ipidia.

      —   —   —   —   se
    rapprochent vers leur sommet 11

      —   —   —   —   sont re-
    courbées et s'écartent vers leur sommet 13

11 Les trois premiers articles des tarses sont élargis . . 12
    Les articles des tarses sont simples.   Soronia.

12 Segment anal du mâle proéminent; palpes labiaux
    épaissis.   Epuræa (1).

      —   —   caché; palpes labiaux simples.
                              Nitidula.

13 Mandibules à pointes simples.   Omosita.
    Bout des mandibules divisé en trois pointes. Amphotis.

14 Les trois premiers articles des tarses sont simples.
                           Pocadius.
      —   —   —   sont élargis . . 15

15 Côté extérieur des tibias denté.   Meligethes (2).
      —   —   non denté 16

---

(1) P. les esp. v. Edm. Reitter, dans Verhandlungen des naturforschenden
Vereines in Brünn, Band XI, 1872. *Revision der europæischen Epuræa-Arten.*
(2) P. les esp. v. Ch. Brisout de Barneville. Abeille, VIII, 1871.
  Edm. Reitter, Verhandlungen des naturforschenden Vereines in Brünn,
Band XI, 1870. *Revision der europæischen Meligethes-Arten.*
  Edm. Reitter. Verhandlungen des naturforschenden Vereines in Brünn,
Band XI, 1872. *Neue Meligethes-Arten, Nachtræge zur Revision der euro-
pæischen Meligethes-Arten.*

16 Côté extérieur des tibias postérieurs garni d'épines.
                              Thalycra.

    —   —   — sans épines.
                              Pria (¹).

17 Prosternum très court; l'insecte peut se rouler en
        boule.   Cybocephalus (²).

L'insecte ne peut pas se rouler en boule 18

18 Prosternum faisant saillie dans une petite entaille du
        mésosternum.   Cychramus.

Mésosternum recouvert par la saillie du prosternum;
        cette saillie s'avance et s'appuie sur le métasternum.
                              Cyllodes.

19 Le lobe interne de la mâchoire est très petit et difficile à
        voir 20

    —   —   — est distinct et armé d'un
        crochet au bout 21

20 Yeux ronds; thorax beaucoup plus long que large,
        front profondément fendu.   Nemosoma.

    — réniformes, placés de biais; thorax peu ou pas
        plus long que large.   Trogosita (³).

21 Bout des tibias antérieurs armé d'un crochet; corps
        allongé, oviforme; languette échancrée.   Peltis.

    —   —   — sans crochets; corps ar-
        rondi, voûté; languette avec une pointe obtuse.
                              Thymalus.

---

(1) Edm. Reitter. *Beitræge zur Kenntniss der Gattung Pria*, dans Verhandlungen des naturforschenden Vereines in Brünn, Band XI, 1870.

(2) Edm. Reitter, *Diagnosen der bekannten Cybocephalus-Arten*, dans Verhandlungen des naturforschenden Vereines in Brünn, Band VII, II Heft, 1873.

(3) *Systematische Eintheilung der Trogositidæ*, par Edm. Reitter, dans Verhandlungen des naturforschenden Vereines in Brünn, Band XIV, 1875.

XVIII. — COLŸDIIDES (¹).

Antennes formées de huit à onze articles, très rarement de quatre articles seulement; elles sont droites et en massue ; tarses formés de quatre articles simples ; ventre composé de cinq, ou rarement de six anneaux ; dans ce dernier cas, les antennes n'ont que quatre articles ; les trois ou quatre premiers anneaux sont soudés et immobiles ; les hanches antérieures sont sphériques, les postérieures sont transverses.

1 Pattes postérieures rapprochées l'une de l'autre. . . 2

— — éloignées l'une de l'autre . . . 13

2 Les anneaux de l'abdomen sont tous de même longueur. 3

Le premier anneau est plus long que les autres. . . 9

3 Tibias dépourvus d'épines à leur extrémité 4

— avec de petites épines ; massue des antennes à
deux articles. 6

4 Antennes proéminentes et ne pouvant se retirer sous la
tête 5

— pouvant se retirer sous la tête. **Coxelus.**

5 Tarses garnis en dessous de soies en forme de brosse.
Sarrotrium.

— velus en dessous ; antennes terminées par deux
gros articles. **Diodesma.**

6 Mandibules divisées en deux à leur sommet 7

— avec une pointe simple 8

7 Dessous de la tête avec des gouttières pour loger les
antennes. **Colobicus.**

— — sans gouttières. **Ditoma.**

---

(1) Pour les esp. v. Erichson, *Nat. Ins. Deutschl.*, III.

8 Dessous de la tête sans gouttières ; bout de la languette
   échancré.   Synchita.

      —   —   avec des gouttières droites ; bout
   de la languette arrondi.   Cicones.

9 Les yeux sont distincts 10
      —   manquent 12

10 Antennes terminées par trois gros articles 11
      —   — par deux gros articles. Teredus.

      —   — par une simple tête massive.
                               Oxylæmus.

11 Dernier article des palpes maxillaires cylindrique ;
   labre distinct.   Aulonium.

      —   —   — ovoïde, tron-
   qué en biais ; labre à peine visible. Colydium.

12 Antennes terminées par une massue à trois articles.
                              Aglenus.

      —   — par une tête inarticulée.
                            Anommatus.

13 Palpes maxillaires filiformes 14
   Avant-dernier article des palpes maxillaires grand et
   épais ; le dernier est petit et subuliforme.
                            Cerylon.

14 Antennes composées de onze articles, régulièrement
   agrandis jusqu'au bout.   Myrmecoxenus.

      —   —   — terminées par
   une massue de deux articles. Bothrideres.

      —   — de dix articles, terminées par
   une tête.   Pycnomerus.

XIX. — CUCUJIDES ([1]).

Antennes filiformes composées de onze articles, ou bien terminées par trois plus gros articles; articles des tarses simples; quelquefois les tarses postérieurs du mâle ont quatre articles, mais rarement tous les tarses sont tétramères; ventre formé de cinq anneaux libres et mobiles; hanches éloignées entre elles, les antérieures sphériques, les postérieures cylindriques; corps ordinairement long et aplati.

1   Mâchoires recouvertes par une saillie des côtés de la gorge; mandibules plus longues que la tête.

                                                  Prostomis.

     — découvertes; mandibules de grandeur moyenne 2

2   Tarses postérieurs du mâle formés de quatre articles . 3
    Tous les tarses dans les deux sexes ont cinq articles . 6

3   Languette divisée en deux parties 4
     — entière, non divisée 5

4   Sous la base des antennes et des deux côtés, la gorge est élargie sous forme de deux pointes coniques; les articles du milieu des antennes sont alternativement gros et petits.   **Pediacus.**

    Ces pointes coniques n'existent pas; les articles du milieu des antennes sont à pe rès de même grandeur; premier article du tarse très petit.

                                 Phlœostichus.

5   Tibias antérieurs terminés par une épine en forme de crochet; hanches éloignées l'une de l'autre.

                                Læmophlœus.

---

(1) P. les esp. v. Erichson, *Nat. Ins. Deutschl.*, III.

Tibias antérieurs terminés par une simple épine ; hanches peu éloignées. **Lathropus.**

6 Le premier article des tarses est plus court que le deuxième ; 7

— — — est au moins aussi long que le deuxième 8

7 Dernier article des palpes labiaux aigu ; thorax plus long que large, ses angles antérieurs ne sont pas proéminents. **Dendrophagus.**

— — — tronqué en biais ; thorax plus large que long, ses angles antérieurs sont proéminents. **Brontes.**

8 Fémurs dépourvus de dents. 9

— postérieurs armés d'une dent ; thorax garni sur les côtés de grosses dents arrondies.

Nausibius.

9 Pointes des mandibules divisées, languette tronquée ; thorax garni de dents sur les côtés, ou du moins les angles antérieurs s'avancent sous forme de dents.

Sylvanus.

Mandibules avec la pointe simplement recourbée ; languette arrondie ; côtés du thorax rugueux.

Airaphilus.

XX. — CRYPTOPHAGIDES (¹).

Antennes insérées devant les yeux, sur le front ou sur les côtés de la tête et formées de dix ou onze articles, terminées par deux ou quatre plus gros articles ; rarement elles sont régulièrement

_____

(1) Voir Erichs., *Nat. Ins. Deutschl.*, III, et Sturm. *Deutschl. Ins.*, XVI.

épaissies vers leur bout; tarses ordinairement pentamères; souvent les postérieurs sont tétramères, soit chez le mâle, soit chez les deux sexes; quelquefois tous les tarses sont tétramères, avec les premiers articles cordiformes ou triangulaires; mais, dans ce dernier cas, les antennes sont toujours terminées par deux ou trois gros articles; ventre composé de cinq anneaux dont le premier est le plus long; hanches antérieures sphériques, enfoncées dans les cavités cotyloïdes; hanches postérieures un peu séparées l'une de l'autre.

1   Tous les tarses sont pentamères; le quatrième article est beaucoup plus petit que le troisième et se trouve ordinairement renfermé dans celui-ci en même temps que la base du cinquième 2

    Articles des tarses simples; le quatrième et le troisième articles à peu près de même grandeur; tarses antérieurs à cinq articles; souvent chez le mâle, ou dans les deux sexes, les tarses postérieurs ont quatre articles 5

    Tous les tarses avec quatre articles 13

        —   avec cinq articles; le premier est petit et presque toujours caché dans la pointe du tibia; antennes avec deux plus gros articles au bout.

                       Lyctus.

2   Dernier article des palpes maxillaires fusiforme, cylindrique ou ovoïde 3

    —   —   —   —   sécuriforme . . . 4

3   Le quatrième article des tarses est plus petit que le troisième, mais ne se trouve pas enfermé dans celui-ci; antennes terminées par trois plus gros articles.

                    Paramecosoma.

Le quatrième article des tarses est très petit, tout à fait enfermé dans le troisième ; celui-ci est .divisé en deux lobes ; huitième article des antennes peu renflé.
Telmatophilus.

4 Le prosternum forme entre les hanches antérieures une grande plaque triangulaire, rétrécie par devant ; mésosternum très court entre les hanches médianes, .au moins deux fois aussi large que long.
Tritoma.

Cette plaque du prosternum a des rebords assez parallèles, qui s'effacent en avant ; le mésosternum ne figure qu'une espèce de plaque carrée et transverse, entre les hanches médianes.   **Triplax** (¹).

5 Antennes insérées sur le front 6

—   —   aux côtés de la tête et devant les yeux 7

6 Corps ovoïde ou allongé ; mandibules fendues à leur pointe ; thorax avec un rebord à sa base.
Atomaria.

— presque sphérique, très petit ; pointe des mandibules simple ; thorax sans rebord à sa base.
Epistemus.

7 Antennes terminées par trois gros articles seulement . 8

—   —   par quatre gros articles distinctement séparés.   .   **Tetratoma.**

8 Mandibules à pointe simple, mais dentées ou striées du côté intérieur 9

—.   —   fourchue, ou divisée en plusieurs dents 11

(1) V., p. les esp. de ce genre et de quelques suivants, Bedel. Abeille, V.

9 Prosternum avec une saillie s'emboîtant dans une échancrure du mésosternum. **Antherophagus.**

— sans cette saillie 10

10 Dernier article des palpes maxillaires conique, à peine plus long que l'avant-dernier ; tarses antérieurs du mâle avec un seul article élargi ; tarses postérieurs tétramères. **Emphylus.**

— — — ovoïde, aussi long que les deux précédents réunis ; tarses antérieurs du mâle avec trois articles élargis ; tarses postérieurs tétramères. **Cryptophagus.**

11 Tous les tarses sont pentamères 12
Les tarses postérieurs sont tétramères. **Sphindus.**

12 Les trois derniers articles des antennes sont peu élargis. **Phloiophilus.**

— — — sont élargis, deux fois aussi larges que longs ; mandibules à trois pointes. **Engis.**

13 Dernier article des palpes maxillaires sé
curiforme ; antennes à dix articles insensiblement grossis ; le dernier article arrondi et large ; élytres soudées. **Lithophilus.**

— — — — ovoïde et s'amincissant peu à peu vers sa pointe. 14

14 Antennes terminées par deux gros articles. **Leiestes.**
— — par trois gros articles 15

15 Mâchoire composée de deux lobes égaux ; corps ovale allongé. **Mycetæa.**

— — d'un seul lobe ; corps sphérique ou ovoïde. **Alexia.**

XXI. — LATHRIDIIDES (¹).

Antennes formées de huit à onze articles ; ventre composé de cinq anneaux ; hanches antérieures sphériques, plus ou moins enfermées dans les cavités cotyloïdes ; tous les tarses à trois articles simples ; corps allongé, élytres entières, non tronquées.

1 Antennes en massue composée d'un seul article ou de deux articles étroitement réunis ou annelés . . . 2

   — terminées par trois, rarement par deux ou quatre plus gros articles 3

2 — à dix articles, terminées par une grosse tête ronde au-dessus de laquelle se montre la trace d'un très petit article.   **Monotoma** (²).

   — de neuf à onze articles, terminées par deux gros articles serrés.   **Holoparamecus** (³).

3 — insérées sur le front, devant les yeux, composées de onze articles et terminées par trois ou rarement deux gros articles 4

   — à onze articles, insérées sous les bords hautement retroussés de la tête ; les deux premiers articles très grands et sphériques ; les cinq suivants très longs et minces, un peu épaissis à leur bout ; les quatre derniers un peu plus courts, épaissis en boule à leur bout et fortement velus.   **Dasycerus.**

4 Mandibules membraneuses, avec une pointe simple, et doublées à l'intérieur d'une peau garnie de cils ; thorax avec des côtés plus ou moins relevés et bordés.   **Lathridius** (⁴).

---

(1) P. les esp. voir Mannerheim, *Germar Zeitschr.*, V, 1844.
(2) Voir Aubé, Ann. Soc. ent. de France, 1837.
(3) Voir Aubé, Ann. Soc. ent. de France, 1843.
(4) Voir Motschulsky, Bull. de Moscou, 1866.

Mandibules cornées avec une double pointe et trois ou quatre petites entailles en forme de dents; côtés du thorax non bordés.   **Corticaria** (¹).

XXII. — MYCÉTOPHAGIDES (²).

Antennes formées de onze articles qui s'épaississent graduellement jusqu'au bout, ou terminées par deux ou trois plus gros articles; ventre composé de cinq anneaux mobiles (il faut en excepter le genre *Myrmecoxenus*, chez lequel les trois premiers anneaux du ventre sont allongés et soudés); hanches antérieures sphériques, les postérieures cylindriques; toutes les hanches plus ou moins rapprochées l'une de l'autre; tarses postérieurs avec quatre articles simples et velus en dessous; chez le mâle, les tarses antérieurs n'ont ordinairement que trois articles; chaperon presque toujours séparé du front par une entaille transverse, droite ou courbe.

1 Yeux obliques insérés verticalement aux côtés de la tête 2

 — ronds. 4

2 Antennes épaissies régulièrement jusqu'à leur sommet. 3

  — terminées par une massue de trois articles. **Triphyllus.**

3 Chaperon séparé du front par une suture. **Mycetophagus.**

  — court et large, non séparé du front par une suture. **Myrmecoxenus.**

4 Languette membraneuse; hanches antérieures complètement sphériques. **Litargus.**

  — de substance cornée; hanches antérieures ovales et en biais. **Typhæa.**

(1) Voir Motschulsky, Bull. de Moscou, 1866 et 1867, et Mannerheim, *Germar Zeitschr.*, V.

(2) P. les esp. voir Erichson, *Nat. Ins. Deutschl.*, III.

XXIII. — DERMESTIDES (¹).

Antennes en massue, insérées sur le front, ordinairement à onze articles ; tarses pentamères ; hanches antérieures cylindro-coniques et ressortant des cavités cotyloïdes ; leurs pointes sont dirigées l'une vers l'autre et se touchent ; leurs bases séparées par une très mince saillie du prosternum ; hanches postérieures cylindriques, presque toujours élargies vers le côté intérieur, ce qui produit un sillon pour loger les fémurs ; ces derniers sont creusés en gouttière pour recevoir les tibias ; ventre composé de cinq anneaux. Ordinairement, il se trouve sur le front un œil auxiliaire simple et isolé.

1 Un œil auxiliaire simple sur le front 2
   Point d'œil auxiliaire ; antennes à onze articles, avec
     une massue à trois articles 9

2 Hanches médianes rapprochées l'une de l'autre . . . 3
   —   —   écartées l'une de l'autre 5

3 Bouche libre et découverte   **Attagenus.**
   —   recouverte en dessous par un prolongement du
   prosternum 4

4 Massue à trois articles, dont celui du milieu est le plus
   petit ; languette membraneuse et aplatie.
                             Megatoma.
   Les deux premiers articles de la massue sont égaux
     entre eux et plus courts que le dernier ; languette
     ne ressortant que peu de la bouche.
                             Hadrotoma.

5. Mésosternum fendu ; bouche recouverte par un prolongement du prosternum. 6
   —   non fendu ; bouche recouverte par les
   pattes antérieures. . . . .   **Orphilus.**

(1) P. les esp. v. Erichson, *Nat. Ins. Deutschl.*, III.

6 Prosternum pourvu de fossettes pour loger les antennes 7

      —   dépourvu de fossettes.   **Trinodes.**

7 Le labre et les mandibules ne sont pas recouverts par une saillie du prosternum. 8

      —   est libre, mais les mandibules sont recouvertes.   **Anthrenus.**

8 Languette plate et élargie.   **Trogoderma.**

      —   comprimée, avec une très petite surface extérieure.   **Tiresias.**

9 Les quatre premiers articles des tarses sont simples, courts et égaux entre eux ; ongles simples ; hanches postérieures plates, élargies ; mandibules sans dents.   **Dermestes.**

Les deuxième et troisième articles des tarses ont des appendices en forme de lobes ; le quatrième article est très petit et se trouve caché dans le troisième ; ongles pourvus d'une large dent à leur base ; côté intérieur des mandibules denté.   **Byturus.**

XXIV. — THROSCIDES OU TRIXAGIDES (¹).

Antennes composées de onze articles, dont une massue de trois articles ; le dessous de la tête est recouvert par le prosternum ; celui-ci est pourvu à son côté postérieur d'un prolongement qui correspond à une échancrure du mésosternum ; hanches antérieures sphériques ; hanches postérieures aplaties ; tarses formés de cinq articles ; ventre formé de cinq anneaux, dont le dernier est le plus long.

Un seul genre compose cette famille.

     Throscus ou Trixagus.

(1) P. les esp. v. de Bonvouloir, *Monogr. des Throscides.*

XXV. — BYRRHIDES ([1]).

Antennes formées de dix ou onze articles, régulièrement épaissies, ou terminées par plusieurs articles plus gros; ventre composé de cinq anneaux, dont les trois premiers sont immobiles;
toutes les hanches sont transverses; les antérieures cylindriques
et couchées dans leurs cavités cotyloïdes; le fémur est pourvu
d'une gouttière pour recevoir les tibias; tarses pentamères à
articles simples; corps ovoïde ou sphérique; ordinairement les
pattes et les antennes peuvent se loger dans des fosses destinées
à les abriter.

1   Tête dégagée 2
    — retirée sous le thorax 3

2   Le chaperon est séparé du front par une ligne profonde; antennes composées de dix articles, dont les
        trois derniers forment massue; tarses grêles.
                                    Aspidiphorus.
        — n'est pas séparé du front par une ligne;
        pattes très aplaties et pouvant s'appliquer contre
        le corps; antennes à onze articles avec une massue
        à trois articles.   **Nosodendron.**

3   —   —   —   4
        — est séparé du front par une ligne profonde; pattes grêles et élancées; tibias sans épines
        à leur extrémité; tarses dégagés.   **Limnichus.**

4   Tarses postérieurs pouvant se loger dans des fosses
        spéciales, et tous les tarses pouvant se loger dans des
        gouttières de leurs tibias 5
    Sternum dépourvu de fosses pour loger les tarses postérieurs 6

[1] P. les esp. v. Steffahny, *Germ. Zeitschr.*, IV, Erichson, *Nat. Ins.
Deutschl.*, III, et Reitter, *Verh. Zool. Bot. Ges. Wien*, 1882.

5　Antennes régulièrement épaissies jusqu'à leur bout,
labre libre.　　　　　　　　　　　**Byrrhus.**

— terminées par trois gros articles; les yeux,
le labre et les mandibules sont complètement recouverts par le prosternum.　　　　　**Syncalypta.**

6　Tarses antérieurs pouvant se loger complètement dans
les tibias 7

Tous les tarses sont libres; le prosternum laisse le
labre et les mandibules libres et ne recouvre que la
moitié des yeux.　　　　　　　　**Simplocaria.**

7　Antennes avec une massue de cinq articles, mandibules
recouvertes par le prosternum.　　　**Cytilus.**

— graduellement épaissies à partir du septième
article; mandibules libres.　　　　**Morychus.**

XXVI. — GÉORYSSIDES (¹).

Antennes composées de neuf articles avec une massue de trois
articles. Tête retirée sous le thorax ; ventre formé de cinq
anneaux ; tarses distinctement tétramères avec des articles
simples.
Un seul genre compose cette famille.　　　**Georyssus.**

XXVII. — PARNIDES (²).

Antennes filiformes ou insensiblement épaissies vers leur bout,
assez souvent très courtes et irrégulières ; hanches de formes
diverses, tarses composés de cinq articles simples, le dernier
article est très grand et est armé de très fortes griffes, d'un déve-

(1) P. les esp. v. Erichson. *Nat. Ins. Deutschl.*, III, et Reitter, *Verh. Zool.
Bot. Ges. Wien*, 1882.
(2) Idem.

loppement anormal; ventre composé de cinq anneaux, dont les premiers sont soudés; corps recouvert en tout ou en partie de poils hydrofuges.

1 Hanches antérieures cylindriques   2
    —   —   assez sphériques   3

2 Dessous de la bouche masqué par une saillie du prosternum.   **Parnus.**
    — de la tête libre; antennes avec des articles s'élargissant graduellement.   **Potamophilus.**

3 Antennes composées de onze articles   4
    —   —   seulement de six articles. Pattes très longues, très éloignées l'une de l'autre, avec de longs tarses terminés par des griffes extraordinairement grandes.   **Macronychus.**

4 Tibias antérieurs ciliés à leur côté intérieur   5
    —   —   glabres à leur côté intérieur
            Stenelmis.

5 Écusson discoïdal, arrondi.   **Limnius.**
    — étroit et allongé.   **Elmis.**

XXVIII. — HÉTÉROCÉRIDES ([1]).

Antennes courtes, les deux premiers articles grands, triangulaires, les suivants formant une massue fusiforme, dentée à l'intérieur; ventre composé de cinq anneaux, dont les quatre premiers sont immobiles; pattes de fouisseurs, avec des tibias épineux; hanches antérieures cylindriques, les médianes sphériques, les postérieures demi-cylindriques; tarses simples, grêles et tétramères.

Un seul genre. . . . . **Heterocerus.**

(1) P. les esp. v. von Kiesenwetter, *Germar. Zeitsch.*, IV (1843), et *Linn. Entom.*, V (1851), et également Erichson, *Nat. Ins. Deutschl.*, III.

XXIX. — LUCANIDES ([1]).

Antennes géniculées, composées de dix articles, dont les derniers sont élargis et dentés à l'intérieur en forme de scie ou de peigne ; ventre composé de cinq articles ; tarses pentamères.

1 Massue des antennes composées de quatre ou de plus de quatre articles 2

   —   —   — de trois articles seulement.   **Sinodendron.**

2 Yeux divisés en deux par le bord latéral de la tête. . 3
  — non divisés.   **Platycerus.**

5 Le chaperon prolongé en pointe recouvre le labre.
                                         Lucanus.

  Le labre est visiblement découvert.   **Dorcus.**

XXX. — SCARABÉIDES ([2]).

Antennes courtes, géniculées, composées de sept à onze articles, insérées dans une fossette aux côtés de la tête. La massue de l'antenne est lobée, ou flabellée, ou enveloppée. Pattes antérieures de fouisseurs. Tarses formés de cinq articles. Ventre composé de cinq à six anneaux.

1 Stigmates recouverts par les élytres et percés dans la membrane qui relie entre eux les anneaux du dos et ceux du ventre 2

    — découverts, percés dans les anneaux du ventre. 5

(1) Voir Erichson, *Nat. Ins. Deutschl.*, III.
(1) Idem, et Mulsant, *Lamellicornes de France*.

TROGIDÆ.

DYNASTIDÆ.

COPRIDÆ (²).

(1) Pour les espèces, voir Harold, *Coleopt. Hefte* IX.
(2) Voir Bergé, Bull. Soc. Natur. dinantais, I.

Pattes postérieures avec des tibias élargis à leur extrémité ; les tarses sont garnis de cils en dessous. . . 9

9 Le premier article des palpes labiaux est plus
grand que le deuxième.   Copris.

petit que le deuxième 10

10 Antennes formées de neuf articles, écusson invisible.
                                           Onthophagus.

   —   —   de huit articles, écusson visible.
                                           Oniticellus.

APHODIIDÆ.

11 Mandibules et labre recouverts par le chaperon. . . 12
        —   —   libres.   Aegialia.

12 Les deux lobes de la mâchoire sont de substance membraneuse 13

   Le lobe extérieur est de substance cornée et denté au
bout.   Psammodius.

13 La partie supérieure des yeux est invisible à l'état de
repos de l'insecte 14

   La totalité des yeux est visible chez l'insecte au repos.
                                        Aphodius ([1]).

14 Le thorax est dépourvu de sillons transversaux, et ses
bords sont ciliés.   Ammœcius.

   —   est coupé par trois ou quatre sillons transversaux, ses bords sont garnis de poils en forme de
brosse, courts, épais et en forme de rayons.
                                        Rhyssemus.

[1] P. les esp. v. Schmidt. *Germar. Zeitschr. f. Ent.*, II, et von Harold, dans
Berl. Ent. Zeitschr.

GEOTRUPIDÆ (1).

15 Menton arrondi par devant.   Odontæus.
— profondément échancré par devant 16

16 Thorax du mâle armé de cornes, celui de la femelle
avec une ligne transverse en relief.
Ceratophyus.

Thorax inerme chez les deux sexes.
Geotrupes.

MELOLONTHIDÆ.

17 Hanches antérieures transverses, plus ou moins enfoncées dans les cavités cotyloïdes 18
— — libres et en forme de bouchon. . 20

18 Troisième article des antennes allongé. Palpes labiaux
insérés sur les côtés du labium 19
Le troisième et le quatrième article des antennes sont
de même longueur. Palpes labiaux insérés sous le
labium.   Rhizotrogus.

19 Les ongles, chez le mâle, sont armés à leur base d'une
dent recourbée ; chez la femelle, cette dent est droite
et se trouve insérée au milieu de l'ongle.
Polyphylla.

Chez les deux sexes, la base des ongles est armée d'une
dent droite.   Melolontha.

20 Tous les tarses armés de deux ongles 21
Les tarses postérieurs ne possèdent qu'un seul ongle.
Hoplia.

(1) Voir Preudhomme de Borre, *Ann. Soc. ent. de Belg.*, 1874.

21 Tarses antérieurs à peine plus longs que leurs tibias.
Homaloplia.

— très longs, les antérieurs plus longs que leurs tibias ; l'avant-dernier article des tarses postérieurs est presque aussi long que le dernier.   Serica.

RUTELIDÆ.

22 Chaperon simple, arrondi ou tronqué 23

— fortement allongé et rétréci par devant, sa pointe est de nouveau élargie et retroussée.
Anisoplia.

23 Les pattes postérieures les plus fortes, leurs cuisses élargies.   **Anomala.**

Toutes les pattes de même force, les cuisses postérieures non élargies.   **Phyllopertha.**

CETONIIDÆ.

24 Élytres échancrées derrière les épaules 28

— non échancrées derrière les épaules 25

25 Tibias antérieurs armés de trois dents 26

— — — de cinq dents.   **Valgus.**

26 Bord antérieur du chaperon faiblement arrondi.
Osmoderma.

— — — échancré. 27

27 Les tibias des pattes médianes du mâle sont fortement recourbés ; dessus de l'insecte dégarni de poils ; au plus il existe une tache blanche écailleuse.
Gnorimus.

— — — sont simples chez les deux sexes ; dessus de l'insecte garni de poils de couleurs variables.   **Trichius.**

28 Côté extérieur des tibias antérieurs armé de trois dents.   29
    —   —   —   de deux dents
    seulement.   Oxythyrea.
29 Corps glabre ou garni de poils courts.   Cetonia.
    — garni de poils longs et distants.   Epicometis.

XXXI. — BUPRESTIDES ([1]).

Antennes filiformes ou serratiformes ; prosternum muni d'un prolongement qui passe entre les hanches antérieures et s'adapte à une fossé du mésosternum, mais que l'insecte ne peut y faire pénétrer en courbant sa poitrine ; ventre composé de cinq anneaux, les deux premiers soudés ; hanches antérieures sphériques, les postérieures transverses ; trochanters petits ; tarses pentamères ; leurs articles sont ordinairement garnis d'appendices en forme de lobes.

1 La jonction du thorax et des élytres est en ligne droite.
                                               Anthaxia.

   La base du thorax est échancrée de chaque côté pour
   recevoir les épaules des élytres   2

2 Tête retirée jusqu'au bord des yeux sous le thorax. .   3
   —   sous le thorax, mais, de beaucoup, pas
   jusqu'aux yeux   4

3 Corps allongé ; les hanches antérieures et médianes à
   peu près également distantes l'une de l'autre.
                                               Agrilus.

   — court, ovoïde, presque triangulaire ; les hanches
   antérieures sont beaucoup plus rapprochées l'une de
   l'autre que les hanches médianes.   Trachys.

(1) P. les esp. v. Laporte de Castelnau et Gory, *Monogr.*, 4 vol., et de Marseul, *Abeille*, II ; von Kiesenwetter, *Erichs. Nat. Ins. Deutschl.*, IV, et Bergé, *Synopsis des Buprestides de Belgique* (Bull. Soc. Natur. dinantais, I).

4 Tête aussi large ou plus large que le thorax; fémurs
dépourvus de rainures pour recevoir les tibias.

Cylindromorphus.

— beaucoup plus étroite que le thorax; fémurs
pourvus d'une rainure pour loger les tibias.

Aphanisticus.

XXXII. — ÉLATÉRIDES (¹).

Antennes filiformes, serratiformes ou pectinées; un prolongement du prosternum passe entre les hanches antérieures, qui sont sphériques, et correspond à une cavité profonde du mésothorax, dans lequel il peut pénétrer, ce qui permet à l'insecte, lorsqu'il est placé sur le dos, de courber fortement la poitrine, qui, redressée brusquement, provoque un saut. Les angles de chaque côté de la base du thorax sont, la plupart du temps, prolongés en pointe; ventre composé de cinq anneaux; hanches postérieures grosses et lancéolées; elles atteignent depuis le milieu jusqu'aux côtés de la poitrine et peuvent plus ou moins abriter les fémurs sous elles; tarses pentamères.

1 Antennes insérées au bord antérieur des yeux ou sur le
front uni 2

— — entre les yeux et sur le front très
fortement relevé en bosse; elles sont sétacées chez la
femelle et flabellées chez le mâle.

Cerophytum (²)

2 Antennes insérées dans deux fossettes entre les yeux
et sur le front presque vertical; les fossettes, qui
s'éloignent l'une de l'autre vers l'avant, bordent le
chaperon, qui est plus ou moins triangulaire; labre
presque toujours caché (Eucnemidæ) 3

(1) Voir von Kiesenwetter, *Nat. Ins. Deutschl.*, IV.
(2) Voir de Bonvouloir, *Monogr. des Eucnémides.*

Antennes insérées devant les yeux et sous le bord latéral de la tête, qui est inclinée ; labre découvert et
visible (Elateridæ)   8

EUCNEMIDÆ (1).

3 La suture qui sépare le prosternum du pronotum,
   qui est infléchi, court parallèlement aux côtés du
   thorax.   4

   Cette suture court vers les angles antérieurs du thorax
   et confine là aux côtés tranchants du thorax   6

4   —   se présente comme une ligne simple et
   fine   5

       —   —   —   une gouttière propre
   à recevoir les antennes ; elle se trouve bordée par
   deux fines lignes en relief ; les côtés tranchants du
   thorax ne sont sensibles qu'en arrière ; en avant, ils
   sont faibles et divisés en fourche, ou disparaissent
   même totalement.   **Microrhagus.**

5 Les tibias sont larges et aplatis ; les articles des tarses
   sont assez larges et diminuent progressivement de
   longueur.   **Melasis.**

       —   — sveltes, presque cylindriques ; articles
   des tarses minces ; le premier est aussi long que les
   trois suivants réunis.   **Tharops.**

6 Les articles des tarses sont simples ; le quatrième seul
   est divisé en deux lobes.   7

       —   —   — sont garnis d'appendices en des-
   sous.   **Drapetes.**

(1) Voir de Bonvouloir, *Monogr. des Eucnémides.*

7 Troisième article des antennes différant en forme et en taille du deuxième.   **Eucnemis.**

  —   et deuxième articles des antennes petits et de même forme.   **Xylobius.**

ELATERIDÆ (1).

8 Le dessous des tarses est garni d'appendices membraneux 9

  —   — est simple et sans appendices . 10

9 Ongles simples.   **Porthmidius.**

  — dentelés en scie.   **Synaptus.**

10 Thorax pourvu en dessous d'une gouttière pour recevoir les antennes. 11

  — dépourvu de gouttière. 12

11 Le deuxième article des antennes est seul petit; les autres sont triangulaires.   **Adelocera.**

  — et le troisième sont petits; les autres sphériques.   **Lacon.**

12 Un prolongement arrondi en avant du prosternum cache le menton; le métasternum entre les hanches médianes est arrondi ou obtus 13

Le prosternum n'a point de prolongement; le métasternum s'avance entre les hanches médianes sous forme de pointe aiguë.   **Campylus.**

13 Ongles dentés en scie. 14

  — simples, ou avec une seule petite dent à leur base 15

14 Le front est délimité par une arête tranchante; dernier article des palpes maxillaires sécuriforme; corps assez gros.   **Cratonychus.**

(1) Voir Candèze, *Monogr. des Élatérides.*

Front vertical, bombé, non délimité par une arête
   tranchante ; l'ouverture de la bouche est située en
   dessous ; le dernier article des palpes maxillaires est
   ovoïde ; corps petit.   **Adrastus.**

15   — délimité par une arête tranchante. 16
       — non délimité par une arête tranchante ; il est
   relevé par devant 21

16   Hanches postérieures lancéolées et non brusquement
   élargies au milieu. 17
             —   — brusquement élargies à leur
   milieu. 18

17   Premier article des tarses aussi long que les deux suivants réunis.   **Athous.**
       —   —   — seulement un peu plus long
   que le deuxième.   **Limonius.**

18   Écusson de forme ovale 19
       — cordiforme.   **Cardiophorus (1).**

19   Hanches postérieures brusquement élargies intérieurement et là fortement échancrées.   **Ampedus.**
       —   — élargies et arrondies au côté
   intérieur 20

20   Le dernier article des palpes est tronqué en ligne
   droite.   **Cryptohypnus.**
       —   —   — est coupé en biais, ce
   qui le fait paraître aigu.   **Drasterius**

21   Hanches postérieures peu à peu élargies au côté intérieur 22
       —   — brusquement élargies au côté
   intérieur.   **Ludius.**

(1) Voir Erichson, *Germar Zeitschr.*, II.

22   Le deuxième article des antennes plus petit que le troisième 23

    —   —   —   à peu près de même grandeur que le troisième 24

23   Le troisième article des antennes est plus court et plus étroit que le quatrième.   Diacanthus.

    —   —   —   est pareil au quatrième.   Corymbites.

24   Antennes filiformes, ou obtusément serratiformes; le deuxième et le troisième articles sont peu différents des autres 25

    —   serratiformes; les deuxième et troisième articles sont petits et presque sphériques; les autres sont triangulaires 26

25   Thorax un peu élargi avant son milieu et fortement voûté; aux coins antérieurs, les côtés sont fortement repliés sous les yeux, et souvent disparaissent totalement.   Agriotes.

    —   aussi long que large, le plus large à sa base, voûté régulièrement; les côtés sont tranchants presque sur toute leur longueur et vont se perdre vers le milieu des yeux.   Dolopius.

26   —   tout au plus aussi long que large; très peu élargi à sa partie postérieure et fortement voûté en dessus.   Sericosomus.

    —   plus long que large, avec des côtés droits, élargi à sa base, modérément voûté en dessus.

           Ectinus.

XXXIII. — ATOPIDES (1).

Antennes composées de onze articles, filiformes, insérées au-dessus de la racine des mandibules ; celles-ci sont robustes et proéminentes ; hanches antérieures cylindrico-coniques et débordant les cavités cotyloïdes ; elles sont l'une contre l'autre et ne sont pas séparées par un prolongement du prosternum ; hanches postérieures transverses, se touchant l'une l'autre et fortement élargies en arrière et du côté intérieur ; fémurs fixés en biais aux trochanters ; tibias garnis d'épines à leur bout ; tarses pentamères ; les trois articles du milieu sont pourvus d'appendices membraneux ; ventre composé de cinq anneaux libres.

Un seul genre. **Dascillus.**

XXXIV. — CYPHONIDES (2).

Antennes composées de onze articles, filiformes ou serratiformes et insérées au bord antérieur des yeux ; mandibules de substance molle, peu proéminentes ; toutes les hanches sont placées l'une contre l'autre, cylindro-coniques et débordant les cavités cotyloïdes ; les hanches antérieures ne sont pas séparées par un prolongement du prosternum ; les hanches postérieures sont souvent élargies en forme de disque ; la base des fémurs est insérée en biais sur le trochanter ; tarses à cinq articles simples ; le quatrième quelquefois divisé en deux lobes ; ventre composé de cinq anneaux.

1 Hanches postérieures de grandeur normale 2
    — en forme de grandes plaques triangulaires, couvrant les fémurs. **Eucinetus.**

2 Le quatrième article des tarses est bilobé. 3
    — — est simple. 6

(1) Voir Mulsant et Rey, Ann. Soc. Agricult. de Lyon, 1865, et Tournier, *Dascillides du Bassin du Léman.*
(2) Même ouvrage.

3　Fémurs postérieurs simples. 4
　　—　　　—　　　élargis (pattes de sauteurs).
　　　　　　　　　　　　　　　　　　　　　　Scirtes.

4　Antennes filiformes 5
　　Le premier article des antennes très grand, les deux
　　suivants très petits, les autres triangulaires et serra-
　　tiformes du côté intérieur.　　　Prionocyphon.

5　Les deux mandibules sont simples et en forme de fau-
　　cille; le troisième article des palpes labiaux est
　　cylindrique et placé perpendiculairement à l'axe du
　　deuxième article.　　　　　　　　Elodes.

　　L'une des mandibules est dentée en scie du côté inté-
　　rieur; le troisième article des palpes labiaux est
　　placé sur le deuxième, comme d'habitude.
　　　　　　　　　　　　　　　　　　　Cyphon.

6.　Antennes filiformes; dernier article des palpes maxil-
　　laires très petit; dernier article des tarses mince et
　　presque aussi long que les quatre précédents réunis.
　　　　　　　　　　　　　　　　　　Hydrocyphon.

　　—　　　serratiformes; dernier article des palpes
　　maxillaires plus long que le précédent; dernier
　　article des tarses beaucoup plus court que les quatre
　　précédents réunis.　　　　　　　Eubria.

XXXV. — TÉLÉPHORIDES (¹).

Antennes formées de onze articles, filiformes ou sétacées,
rarement dentées; elles sont insérées sur le front, ou à la base
d'une trompe formée par un prolongement de la tête. Toutes les
hanches sont en forme de bouchons et dégagées, les postérieures

(1) V., pour les espèces, von Kiesenwetter, *Naturg. Ins. Deutschlands*, IV
(1863); Mulsant, Ann. Soc. Linn. Lyon, IX (1862); de Marseul, *Abeille*, I (1864).

élargies vers la base des fémurs, ceux-ci insérés en biais sur les trochanters ; tarses pentamères, plus courts que les tibias, leurs articles sont souvent triangulaires ou cordiformes, le quatrième assez souvent bilobé, les ongles dépourvus d'appendices membraneux ; ventre formé de six anneaux.

1 Hanches médianes un peu éloignées l'une de l'autre ; labre distinct 2

     — rapprochées l'une de l'autre, sans être séparées par une baguette du mésosternum ; labre ordinairement indistinct 3

2 Vu par-dessus, le thorax recouvre presque totalement la tête. . **Dictyopterus.**

   Tête dégagée. **Homalisus.**

3   — totalement ou partiellement retirée sous le thorax. Les deux avant-derniers anneaux du ventre sont pourvus d'une tache d'un jaune pâle, phosphorescente pendant la vie de l'insecte 4

   — dégagée, ventre sans taches phosphorescentes . 5

4 Dernier article des palpes presque triangulaire ; les élytres du mâle sont beaucoup plus courtes que l'abdomen. **Phosphænus.**

   — — — subulé ; élytres du mâle aussi longues que l'abdomen. **Lampyris.**

5 Élytres recouvrant en totalité l'abdomen ainsi que les ailes ; dernier article des palpes sécuriforme . . . 6

   — presque toujours plus courtes que l'abdomen et laissant une partie des ailes à découvert ; dernier article des palpes maxillaires ovoïde et un peu pointu. 9

6 Angles postérieurs du thorax simples, mésosternum
sans cavité 7
— — profondément échancrés ; mésosternum avec une cavité triangulaire, dont le fond est
membraneux. **Silis.**

7 Chaque ongle est fendu en deux parties plus ou moins
égales en longueur 8
Ongles simples, ou seulement celui du côté extérieur
élargi en forme de dent à sa base.
Cantharis ou Telephorus.

8 Tête peu dégagée, souvent retirée jusqu'aux yeux sous
le thorax ; à peine plus étroite derrière que devant
les yeux. **Rhagonycha.**
— très dégagée, avec de larges joues devant les
yeux ; la tête est là beaucoup plus large que derrière les yeux. **Podabrus.**

9 Antennes insérées sur le front et près du bord intérieur
des yeux ; intérieur des mandibules garni d'une
grosse dent au milieu. **Malthinus** ([1]).
— — contre le bord intérieur des yeux ;
mandibules dépourvues de dents à l'intérieur.
Malthodes ([2]).

XXXVI. — MÉLYRIDES ([3]).

Antennes formées de onze articles, rarement tout à fait filiformes, mais un peu épaissies vers leur pointe, et ordinairement
plus ou moins dentées ou pectinées ; elles sont presque toujours

---

(1) P. les esp., v. von Kiesenwetter, Linn. Ent., VII (1852); Mulsant, Ann. Soc.
Linn. Lyon, IX (1862); von Kiesenwetter, Berl. Ent. Zeitschrift, 1863.
(2) P. les esp., v. von Kiesenwetter, Berl. Ent. Zeitschrift, 1863, 1872 et 1873.
(3) P. les esp., v. von Kiesenwetter, *Naturg. Ins. Deutschlands*, IV.

insérées devant les yeux et sur les côtés du front; hanches antérieures saillantes en forme de bouchons et rapprochées l'une de
l'autre; les postérieures sont allongées à l'intérieur vers les fémurs,
dont la base est insérée sur les côtés des trochanters; tarses pentamères, dont les ongles ont très souvent des appendices membraneux; corps mou, souvent pourvu à ses côtés de verrues que
l'insecte peut gonfler ou retirer; ventre composé de six anneaux.

1   Le chaperon n'est pas séparé du front par une suture;
     labre peu visible.   **Drilus.**

       —   est séparé du front par une suture; labre
     très distinct   2

2   L'insecte a la faculté de faire apparaître sur les côtés
     du corps des appendices charnus, qui sont encore
     visibles après sa mort; l'un de ces appendices se
     trouve sur chaque côté de l'angle antérieur du tho-
     rax; l'autre à côté des hanches postérieures; antennes
     filiformes; les premiers articles souvent élargis;
     chaque élytre est séparément arrondie à son som-
     met ou irrégulièrement impressionnée   3
     Ces appendices charnus manquent; les antennes sont
     plus ou moins serratiformes; leurs articles le plus
     souvent aussi larges que longs; élytres arrondies à
     leur extrémité, où chacune d'elle se termine en
     pointe   8

3   Antennes insérées devant les yeux et sur les côtés de la
     tête, qui est un peu prolongée sous forme de trompe.   4

       —   entre les yeux et davantage sur le
     front.   **Malachius** ([1]).

4   Tarses antérieurs pentamères chez les deux sexes . .   5
       —   —   tétramères chez le mâle   7

(1) P. les esp., v. Erichson, *Entomographien* (1840).

5 Thorax plus long que large et étranglé à sa base ; tarses antérieurs du mâle à cinq articles simples ; mâle ailé avec des élytres à péu près partout de même largeur ; femelle aptère avec des élytres ventrues.

                         Charopus.

—   aussi large ou plus large que long 6

6 Tous les segments du ventre sont de substance cornée.

                         Ebæus.

Les segments du milieu sont interrompus dans leur milieu par une membrane.   **Anthocomus.**

7 Dernier article des palpes maxillaires sécuriforme.

                         Colotes.

—   —   —   ovoïde avec la pointe tronquée.   **Troglops.**

8 Thorax aussi large ou plus large que long ; élytres non terminées séparément en pointe 9

—   étroit, ordinairement plus long que large, plus ou moins cylindrique ; chaque élytre finit séparément en pointe.   **Dolichosoma.**

9 Antennes filiformes, ordinairement serratiformes du côté intérieur ; pointe des mandibules divisée.

                         Dasytes (1).

—   régulièrement épaissies vers le sommet ; mandibule à pointe simple et tranchante ; le bord intérieur est strié.   **Cosmiocomus.**

XXXVII. — CLÉRIDES (2).

Antennes composées de onze articles, serratiformes ou terminées par trois plus gros articles aplatis ; yeux échancrés ; hanches antérieures rapprochées l'une de

(1) V. Mulsant et Rey, Ann. Soc. Agric. Lyon, XV.
(2) V. Spinola, *Essai monograph. sur les Clérides.*

l'autre, dégagées et en forme de bouchon ; hanches postérieures transverses, enfoncées dans les cavités cotyloïdes et recouvertes par les fémurs lorsque ceux-ci sont allongés ; elles ne sont pas épaissies en arrière et du côté intérieur ; tarses formés de quatre ou cinq articles, garnis en dessous d'une semelle spongieuse avec plus ou moins d'appendices membraneux ; le quatrième article est divisé en deux lobes ; ventre composé de six anneaux ; corps couvert de poils rudes et courts ; élytres cylindriques. Cette famille de coléoptères, ainsi que leurs larves, se nourrissent d'autres insectes. On les trouve en partie sur les fleurs et en partie sur les troncs d'arbres abattus.

1 Tarses pentamères ; le pronotum n'est pas séparé du prosternum par une marge tranchante. 2
   — tétramères ; le pronotum est séparé du prosternum par une marge latérale tranchante 6

2 Les tarses vus en dessus sont distinctement de cinq articles 3
   — — — paraissent de quatre articles, le premier étant caché par le bout du tibia, ou recouvert par la racine du deuxième 4

3 Tête allongée, à côtés droits formant parallélogramme.
   Cylidrus.
   — y compris les yeux, plus large que longue.
   Tillus.

4 Palpes maxillaires presque filiformes ; palpes labiaux terminés par un gros article sécuriforme 5
   Tous les palpes terminés par un gros article sécuriforme. Opilus.

5 Dernier article des antennes ovoïde et pointu.
   Clerus.
   — — — carré et coupé droit,
   Trichodes.

6   Les derniers articles des antennes ne sont pas serrati-
      formes ; ils sont également élargis de chaque côté .   7
    Les deux avant-derniers articles des antennes sont serra-
      tiformes vers l'intérieur, courts, triangulaires, beau-
      coup plus larges que longs.   **Enoplium.**

7   Dernier article des palpes maxillaires tronqué.
                                            Corynetes.

    —   —   —   terminé en
    pointe.   **Opetiopalpus.**

XXXVIII. — PTINIDES (¹).

Antennes composées de onze articles, filiformes, insérées l'une
à côté de l'autre sur le front ; hanches antérieures et médianes
sphériques ou ovales, peu ou pas dégagées des cavités cotyloïdes ;
hanches postérieures transverses, non élargies du côté intérieur ;
fémurs attachés sur le bout des trochanters ; quelquefois le prosternum est muni d'un petit prolongement vers le mésosternum ;
celui-ci est simple, ou évidé de chaque côté, formant de petites
cavités pour loger une partie des hanches antérieures ; ventre
formé de cinq anneaux.

1   Écusson visible et distinct   2
      —   manquant ou très peu visible.   4

2   Tous les articles des tarses sont simples   3
    L'avant-dernier article est divisé en deux lobes.
                                            Hedobia.

3   Labre coupé droit à son bord antérieur ; le milieu du
      menton est armé d'une dent pointue.   **Ptinus.**
      —   échancré, menton avec une dent obtuse ; élytres
      enflées en forme de ballon.   **Niptus.**

(1) P. les esp., v. Boïeldieu, Ann. Soc. Ent. de France, 1854 et 1856, et von
Kiesenwetter, *Naturg. Ins. Deutschlands*, V.

4 Thorax dépourvu d'impressions.   **Gibbium.**

— avec trois profondes rainures longitudinales,
séparées par des lignes en relief.   **Mezium.**

XXXIX. — ANOBIIDES (¹).

Antennes composées de sept à onze articles, insérées sur les
côtés du front ; elles sont serratiformes, pectinées, flabellées ou
terminées par trois plus gros articles ; prosternum très court sans
prolongement vers le mésosternum ; souvent celui-ci possède des
fossettes pour loger les antennes et de petites cavités vis-à-vis des
hanches antérieures ; ventre formé de cinq anneaux ; hanches
antérieures ou médianes sphériques ou ovales, peu ou pas dégagées ; hanches postérieures transverses et fixées sur la pointe des
trochanters ; tarses pentamères, rarement tétramères.

1 Antennes en forme de scie ou d'éventail 2

— terminées par trois plus gros articles . . . 5

2 Les articles du milieu des antennes sont au moins aussi
longs que larges et dentés du côté intérieur . . . 3

— — sont, à leur sommet, beaucoup
plus larges que longs, à l'intérieur fortement serratiformes, pectinés ou en forme d'éventail. 4

3 Tête verticale, mais seulement partiellement retirée
sous le thorax ; élytres de moitié plus longues que
leur largeur réunies.   **Ochina.**

— tout à fait retirée sous le thorax ; élytres deux
fois aussi longues que larges.   **Trypopitys.**

4 Élytres cylindriques, plus de deux fois plus longues
que larges ; les antennes du mâle sont presque flabel-

(1) P. les esp., v. von Kiesenwetter, *Naturg. Ins. Deutschlands*, V.

lées, celles de la femelle serratiformes ; le côté extérieur des mandibules n'est pas tranchant.

                         Ptilinus.

Élytres cylindriques courtes ; antennes serratiformes
dans les deux sexes ; mandibules plus ou moins élargies, avec le côté extérieur tranchant.

                         Xyletinus.

5   Tarses pentamères, le premier et le deuxième article
de même longueur **6**

    —   —   —   —   —

très petits, souvent à peine visibles **9**

6   Antennes formées de sept à dix articles **7**
    —   —   distinctement de onze articles. . . **8**

7   Corps cylindrique ; les trois derniers articles des
antennes sont plus de deux fois aussi longs que
larges.   **Oligomerus.**

— rond ou ovoïde, fortement voûté, les deux
avant-derniers articles des antennes sont beaucoup
plus larges que longs, en triangles, pointus vers l'intérieur.   **Dorcatoma**

8   Tête verticale, complètement retirée sous le thorax,
qui forme capuchon.   **Anobium.**

— inclinée et, y compris les yeux, plus large que le
thorax chez le mâle et aussi large que le thorax chez
la femelle ; antennes du mâle aussi longues que le
corps et terminées par trois très longs articles, celles
de la femelle aussi longues que la moitié du corps.

                      Dryophilus.

9   Tibias non dentés du côté extérieur **10**
— antérieurs armés à leur côté extérieur de dents
aiguës qui diminuent régulièrement de longueur
vers la racine des tibias.   **Rhizopertha.**

10 Le fouet des antennes est plus long que les trois der-
    ·niers articles réunis 11
            —   —   est plus court que ces articles,
    lesquels sont peu ou pas dentés à l'intérieur.
                                            Dinoderus.

11 Antennes terminées par trois articles qui ne sont que
    peu dentés.   **Apate.**
        —   —   —   grands articles qui for-
    ment un peigne à trois dents; chaque élytre est
    armée à son bout d'une ou de plusieurs dents.
                                          Synoxylon.

XL. — CIOIDES ([1]).

Antennes formées de huit à onze articles, insérées au bord
antérieur des yeux et terminées par trois plus gros articles;
prosternum sans prolongement vers le mésosternum ; ventre à
cinq anneaux; hanches antérieures et médianes sphériques ou
ovales, plus ou moins insérées, les postérieures transverses;
fémurs placés en biais sur les trochanters; bouts des tibias
dépourvus d'épines ; tarses composés de quatre articles simples ;
rarement il se présente, chez le mâle, un cinquième article placé
au bout des tibias ; le dernier article est plus long que les autres
réunis.

1   Antennes composées de dix articles 2
            —   —   de neuf articles. **Ennearthron.**
            —   —   de huit articles seulement . . . 3
                                                Cis.
2   Tibias inermes.
        —   élargis et dentelés du côté extérieur et vers le
    sommet.   **Rhopalodontus.**

---

[1] V. Mellié, Ann. Soc. Ent. de France, 1848; Abeille de Perrin; *Essai mono-graphique*, 1874, et von Kiesenwetter, *Naturg. Ins. Deutschlands*, V.

5 Mandibules grandes, fortement proéminentes, aussi
longues que la tête chez le mâle, que la moitié de la
tête chez la femelle.   Orophius.

— peu proéminentes. Octotemnus.

XLI. — LYMEXYLONIDES ([1]).

Antennes formées de onze articles, insérées au bord antérieur des yeux, filiformes, fusiformes ou serratiformes; prosternum sans prolongement vers le mésosternum; ventre composé
de cinq à sept anneaux; toutes les hanches en forme de bouchon,
dirigées en arrière et rapprochées. Bases des fémurs insérées
obliquement sur les trochanters; bout des tibias avec des épines
peu distinctes, tarses pentamères aussi longs que les tibias, les
articles sont minces et cylindriques; corps allongé et cylindrique;
tête, y compris de gros yeux, aussi large que le thorax. Palpes
maxillaires souvent fasciculés; pointes des élytres bâillantes.

Antennes serratiformes, thorax plus large que long.
      Hylecœtus.

— simples, un peu épaissies à leur milieu et com-
primées; thorax plus long que large. **Lymexylon.**

XLII. — PIMÉLIIDES.

Antennes formées de onze, rarement de dix articles, insérées
devant les yeux et sous les côtés élargis de la tête; elles sont de
même épaisseur dans toute leur longueur, ou faiblement épaissies à leur extrémité; plaque du menton presque toujours très
grande, recouvrant en tout ou en partie la bouche; hanches antérieures séparées par un prolongement du prosternum; mésosternum court; hanches postérieures souvent plus rapprochées des
médianes que celles-ci des antérieures; ventre composé de cinq

(1) Voir von Kiesenwetter, même ouvrage, IV.

anneaux, le quatrième le plus court, les trois premiers plus ou moins immobiles ; le premier anneau possède à l'arrière un prolongement qui, passant entre les hanches postérieures, correspond à une cavité du métasternum ; hanches antérieures et médianes sphériques ou ovoïdes, plus ou moins insérées ; les quatre tarses antérieurs sont pentamères, les postérieurs sont tétramères avec des articles simples, garnis en dessous de poils en brosse et terminés par des ongles simples ; corps presque toujours aptère avec les élytres soudées, dont la marge latérale est pliée vers le bas et enveloppe presque complètement le corps.

1 Le menton est rarement rétréci en arrière ; il forme une grande plaque échancrée ou bilobée par devant, qui recouvre plus ou moins la mâchoire et la languette.   **Asida.**

  — est presque toujours rétréci en arrière et paraît être porté sur un pédoncule, de telle sorte que la gorge semble être échancrée des deux côtés, ce qui permet d'apercevoir le pivot et le stipe de la mâchoire. 2

2 Menton court, transversal, trapéziforme, cordiforme ou semi-circulaire, jamais allongé ou divisé en trois lobes ; tête triangulaire, peu élargie par devant, laissant à découvert la plus grande partie des mandibules ; labre découvert ; corps toujours aptère.   **Blaps** ([1]).

  — allongé ou seulement un peu plus large que long, ou bien ovale et tronqué à chaque bout, ou bien encore élargi en avant et divisé en trois lobes ; tête le plus souvent courte, transversale ou ronde ; la plupart du temps élargie de chaque côté en avant, de

([1]) V. Solier, *Studi Entomol.*, II ; Fischer de Waldh., Bull. de Moscou, 1844
A. Allard, Ann. Soc. Ent. de France, 1881 et 1882.

façon que la plus grande partie des mandibules est recouverte; chaperon presque toujours découpé ou échancré en avant; le labre contenu dans cette échancrure; très rarement le chaperon est tronqué droit et, dans ce cas, le corps est ailé   3

5   Yeux plus ou moins divisés par les côtés de la tête. .   4

— ronds ou échancrés, ou tout au plus traversés par les côtés de la tête.   **Crypticus.**

4   La base du thorax s'applique complètement à la base des élytres, ses angles sont droits et aigus. . . .   5

Il existe un intervalle entre la base du thorax ou celle des élytres; les angles postérieurs du thorax sont arrondis.   **Heliopates.**

5   Tibias antérieurs graduellement épaissis jusqu'à leur sommet; la pointe du premier segment du ventre entre les hanches postérieures est arrondie.

                                   Opatrum.

—   —   élargis en un grand triangle; la pointe de la saillie du premier segment du ventre est aiguë et étroite.   **Microzoum.**

XLIII. — DIAPÉRIDES.

Antennes composées de onze articles, régulièrement épaissies jusqu'à leur bout, ou bien terminées par de plus gros articles; elles sont insérées sous les côtés de la tête et très rarement filiformes. Plaque du menton petite, laissant la bouche libre en grande partie. Prosternum ordinairement court et, en grande partie, absorbé par les hanches antérieures; ces dernières sont sphériques ou ovales et enfermées dans les cavités cotyloïdes. Elles sont séparées entre elles par un prolongement du prosternum vers le mésosternum. Hanches postérieures transverses, séparées par un prolongement du premier anneau du ventre dirigé vers le métasternum. Les hanches postérieures sont toujours plus éloignées des hanches médianes que celles-ci ne le sont des hanches antérieures. Ventre se trouvant à peu près dans le même plan que le sternum et composé de cinq anneaux. Les quatre tarses antérieurs sont composés de cinq articles, les deux postérieurs de quatre seulement. Ongles simples. Corps ovoïde ou elliptique.

1 Dernier article du palpe maxillaire sécuriforme.
Platydema,

—   —   —   — cylindrique, ovoïde ou faiblement élargi dans le bout, qui est alors tronqué droit. 2

2 Bouche distinctement dégagée 3

—   tout à fait recouverte par le chaperon relevé; antennes graduellement épaissies; yeux en tout ou en partie recouverts par les côtés de la tête.
Bolitophagus.

3 Mésosternum dépourvu de fossettes entre les hanches médianes, pour recevoir un prolongement du prosternum. Pentaphyllus.

—   avec une profonde fosse 4

4 Les tibias antérieurs ne sont pas élargis à leur bout. . 5

—   — sont fortement élargis en triangles aplatis; l'angle du côté extérieur est arrondi.
Phaleria.

5 Le prolongement du prosternum entre les hanches antérieures est étroit; les hanches postérieures ne sont pas plus éloignées entre elles que les hanches médianes. Diaperis.

Ce prolongement est large, arrondi au bout; les hanches postérieures sont beaucoup plus éloignées que les hanches médianes. Scaphidema.

9

XLIV. — TÉNÉBRIONIDES (1).

Antennes formées de onze articles, insérées sous les côtés de la tête ; les antennes sont moniliformes, ou graduellement épaissies ou terminées par trois plus gros articles ; yeux presque toujours échancrés ; plaque du menton petite, laissant à découvert la plus grande partie de la bouche ; prosternum assez allongé ; les hanches antérieures, sphériques ou ovales, séparées par un prolongement du prosternum et éloignées de son bord ; hanches postérieures éloignées, transverses et beaucoup plus éloignées des hanches médianes que celles-ci ne le sont des antérieures ; les tarses antérieurs composés de cinq articles ; les postérieurs de quatre ; ongles toujours simples ; ventre composé de cinq anneaux situés à peu près dans le même plan que le métasternum, et munis d'un prolongement qui correspond à une échancrure du métasternum et passe entre les hanches postérieures ; corps allongé, demi-cylindrique, en voûte aplatie.

1   Antennes terminées par trois gros articles.
Tribolium.

—   —   par cinq gros articles, ou graduellement épaissies.   2

2   Dernier article des palpes maxillaires ovi- ou fusiforme.
Hypophlœus.

—   —   —   élargi au sommet et ensuite tronqué   3

5   Menton aussi long ou plus long que large, obtus ou tronqué droit par devant.   Upis.

—   beaucoup plus large que long ; cordiforme, élargi et échancré par devant.   Tenebrio.

(1) P. les esp., de cette famille et des voisines, v. Kraatz, Rev. d. Tenebr. d. alt. Welt, et Mulsant, *Coléopt. de France, Latigènes.*

XLV. — HÉLOPIDES ([1]).

Antennes minces, filiformes ou légèrement épaissies vers leur bout, formées de onze articles ; elles sont au moins aussi longues que la moitié du corps ; leur dernier article est au moins aussi long que large ; plaque du menton petite, laissant à découvert la plus grande partie de la bouche ; hanches antérieures sphériques et séparées par un prolongement du prosternum ; hanches postérieures transverses, à peine plus éloignées des médianes que celles-ci des antérieures ; elles sont séparées par un prolongement en pointe du premier segment du ventre dirigé vers le métasternum ; ventre formé de cinq anneaux, à peu près dans le même plan que le métasternum ; tarses garnis de semelles poilues ; les antérieurs avec cinq, les postérieurs avec quatre articles seulement ; ongles simples. Cette famille ne comprend en Belgique qu'un seul genre.   Helops.

XLVI. — CISTÉLIDES ([2]).

Antennes formées de onze articles, filiformes, sétacées ou serratiformes, insérées sur le front ou sur les côtés de la tête ; tête inclinée sans étranglement derrière les yeux ; hanches antérieures placées l'une contre l'autre, proéminentes et toujours coniques ou en forme de bouchon ; très rarement elles sont séparées par un prolongement du prosternum ; hanches postérieures transverses ; elles ne sont jamais séparées par un prolongement du premier segment du ventre dirigé vers le métasternum ; les quatre tarses antérieurs sont formés de cinq, les postérieurs de quatre articles ; ongles dentés ou pectiniformes.

1   Pointe des mandibules fendue ; dernier article des palpes maxillaires fortement sécuriforme 2

(1) Voir Allard, *Monogr. des Hélopides*, dans l'Abeille, XIV.
(2) Voir Mulsant, *Coléopt. de France, Pectinipèdes.*

Pointe des mandibules simple ; dernier article des palpes maxillaires faiblement sécuriforme 5

2 L'avant-dernier article des tarses, sous la base du dernier article, est élargi en forme de lobes 3

    —   —   — est simple. . . . 4

5 Les fémurs postérieurs insérés sur leurs hanches transverses dépassent de beaucoup les côtés du corps.
                                         Allecula.

Pattes courtes ; les fémurs postérieurs étendus atteignent à peine par leur extrémité le bord latéral des élytres.
                                         Prionychus.

4 Il existe un intervalle distinct entre les hanches antérieures.
                                       Cistela.

Il n'existe point d'intervalle distinct entre les hanches antérieures ; elles sont coniques, proéminentes et se touchent à leur pointe.   **Mycetochares.**

3 Élytres cylindriques ; thorax également rétréci en avant et en arrière, avec des angles arrondis.
                                       Omophlus ([1]).

    — ovoïdes allongées ; thorax fortement rétréci en avant ; il est le plus large à sa base ou, au moins, il est aussi large à la base qu'à son milieu ; les angles sont plus ou moins droits.   **Cteniopus.**

XLVII. — MÉLANDRYIDES ([2]).

Antennes formées de dix à onze articles ; elles sont assez courtes, filiformes ou un peu épaissies soit à leur milieu, soit à leur extrémité ; tête triangulaire dégagée, ou inclinée et plus ou moins retirée sous le thorax ; souvent la tête est tout à fait masquée en

(1) Voir Kirsch, *Berl. Ent. Zeitschr.*, 1869 ; trad. par de Borre, Abeille, VII, 1870.

(2) Voir Mulsant., *Coléopt. de France, Barbipalpes*, 1856.

regardant l'insecte verticalement; thorax rétréci à sa partie antérieure, sa base est presque toujours aussi large que les élytres à
leur base; très rarement, il est plus large à son bord antérieur
qu'à son bord postérieur; les palpes maxillaires sont grands et
ordinairement pendent vers l'arrière; le dernier article est sécuriforme ou cultriforme; toutes les hanches sont en forme de bouchons et ressortent des cavités cotyloïdes; les hanches postérieures ne sont pas séparées entre elles par un prolongement du
premier anneau du ventre; les quatre tarses antérieurs sont
formés de cinq, les postérieurs de quatre articles; le troisième
article des tarses postérieurs n'est pas terminé en lobes; les
ongles sont simples.

1   Hanches antérieures séparées par un prolongement du
    prosternum   2

        —   —   se touchent entre elles   3

2   Tibias terminés par de longs éperons.   Orchesia.

        —   —   par de courtes épines.   Hallomenus.

3   Tête fortement inclinée et, vue en dessus, cachée par
    le thorax   4

    — médiocrement inclinée et visible, vue en dessus .   8

4   Le troisième article des palpes maxillaires est, à sa
    pointe, beaucoup plus mince que le dernier article,
    qui est très gros.   5

    Le dernier article des palpes maxillaires, quoique gros,
    n'est pas plus large à sa base que la pointe du troisième article.   7

5   Le deuxième article des antennes est beaucoup plus
    court que le troisième   6

        —   —   —   est de même longueur que le troisième.   Abdera.

6   Le dernier article des palpes maxillaires n'est qu'un peu plus gros que les autres; tibias terminés par de courtes épines.   **Carida.**

— — — — — est très gros, sécuriforme ou cultriforme; tibias terminés par de longues épines.   **Dircæa.**

7   — — — est gros, plus de trois fois aussi large que long et en forme de coupe; l'avant-dernier article est également court et élargi vers le côté intérieur, sous forme de crochet; l'avant-dernier article des tarses est simple.

                                                Serropalpus.

— — — est cultriforme; deux fois aussi long qu'il est large à sa base; l'avant-dernier article est triangulaire; l'avant-dernier article des tarses est partagé en lobes sous la base du dernier.   **Phloiotrya.**

8   Thorax beaucoup plus large que long.   **Melandrya.**

—   aussi long ou plus long que large.   **Hypulus.**

XLVIII. — LAGRIIDES (1).

Antennes formées de douze articles, à peine épaissies à leur pointe ou faiblement dentées ; elles sont insérées dans une échancrure des grands yeux réniformes ; leur dernier article est le plus long ; tête arrondie et plus large que le thorax, qui est cylindrique et beaucoup plus étroit que les élytres à leur base ; toutes les hanches sont en forme de bouchon, rapprochées les unes des autres et dégagées des cavités cotyloïdes ; les antérieures recouvrent le mésosternum ; les postérieures ne sont pas séparées entre elles par une prolongation du premier segment du ventre; les

(1) P. les esp., v. Mulsant, *Coléopt. de France, Latipennes,* 1856.

quatre tarses antérieurs sont formés de cinq, les postérieurs de quatre articles ; l'avant-dernier article est profondément divisé en deux lobes ; les ongles sont simples.

Cette famille comprend un seul genre.   **Lagria.**

XLIX. — PYROCHROIDES (¹).

Antennes composées de onze articles, insérées devant l'échancrure des yeux réniformes ; à commencer du troisième article, elles sont dentées du côté intérieur ; tête inclinée et élargie anguleusement derrière les yeux, et ensuite étranglée en forme de col ; élytres beaucoup plus larges à leur base que le thorax ; toutes les hanches sont l'une contre l'autre et sortent en forme de bouchon des cavités cotyloïdes ; les hanches antérieures sont très rapprochées des hanches médianes et recouvrent le mésosternum ; les quatre tarses antérieurs sont composés de cinq, les postérieurs de quatre articles ; l'avant-dernier article est cordiforme, et le dernier est terminé par deux fortes griffes, un peu élargies en forme de dent à leur base.

Un seul genre.   **Pyrochroa.**

L. — ANTHICIDES (²).

Antennes composées de onze articles ; elles sont filiformes, épaissies vers leur pointe, ou terminées par de plus gros articles et toujours insérées devant les yeux sur les côtés de la tête ; tête presque toujours plus large que le thorax et reliée à celui-ci par un col mince, terminé en arrière par une espèce de bouton ; très rarement, elle n'est que faiblement rétrécie derrière les yeux,

(1) P. les esp., v. Mulsant. *Coléopt. de France, Latipennes*, 1856.
(2) P. les esp., v. de la Ferté, *Monographie des Anthicides*, 1848, et Mulsant et Rey, Ann. Soc. Linn. de Lyon, 1866.

verticale et retirée sous le thorax relevé en capuchon; élytres beaucoup plus larges à leur base que le thorax à sa base; elles sont plus ou moins cylindriques; toutes les hanches sont rapprochées l'une de l'autre et sortent en forme de bouchon des cavités cotyloïdes; les hanches médianes ne recouvrent pas le mésosternum; les quatre tarses antérieurs ont cinq articles, les postérieurs quatre; ongles simples.

1 Thorax prolongé vers la tête en forme de corne.

Notoxus.

— arrondi par devant avec la marge unie.

Anthicus.

LI. — MORDELLIDES (¹).

Antennes formées de onze articles, filiformes, serratiformes ou légèrement épaissies à leur pointe; tête verticale, la bouche appuyée contre les hanches antérieures; vertex hautement voûté, relié au thorax par une espèce de tige, et beaucoup plus large que la partie antérieure de celui-ci; élytres peu ou pas plus larges à leur base que le thorax à sa base; mandibules garnies d'une bordure membraneuse; dernier article des palpes maxillaires sécuriforme; toutes les hanches sont rapprochées l'une de l'autre et ressortent en forme de bouchon des cavités cotyloïdes; tarses antérieurs à cinq, les postérieurs à quatre articles; ongles simples, dentés ou fendus.

1 L'abdomen n'est pas prolongé en pointe; ongles simples.   **Anaspis.**

— est prolongé en pointe ou en aiguillon; ongles divisés plus ou moins, profondément et souvent l'une des parties est dentée. **Mordella.**

(1) V. Mulsant, *Coléopt. de France, Longipèdes,* 1856; Emery, *Abeille,* XIV, 1876.

LII. — RHIPIPHORIDES (¹).

Antennes du mâle pectinées ou flabellées; celles de la femelle serratiformes, rarement pectinées ou flabellées; très rarement filiformes, et, dans ce dernier cas, la femelle ne possède ni ailes ni élytres; mandibules dépourvues de bordure membraneuse; le dernier article des palpes maxillaires n'est jamais sécuriforme; le reste est comme dans la famille précédente.

1   Ongles dentelés ou pectinés. 2

    — · simples; antennes du mâle pectinées; celles de la femelle sont filiformes; la femelle, en forme de larve, ne possède ni ailes ni élytres.   **Rhipidius.**

2   Tibias antérieurs dépourvus d'épines à leur pointe; tarses postérieurs avec des articles cylindriques et allongés.   **Metœcùs.**

    —   —   terminés par une épine; le deuxième article des tarses postérieurs est court et comprimé.
                                         Rhipiphorus.

LIII. — MÉLOIDES.

Antennes formées de neuf à onze articles; elles sont insérées sur le front ou devant les yeux, de forme sétacée, ou filiformes, ou épaissies à leur bout, ou bien tout à fait irrégulières; tête verticale avec le vertex hautement voûté; elle est plus large que la partie antérieure du thorax et reliée à celui-ci par un col étroit; les élytres à leur base sont beaucoup plus larges que le thorax à sa base; toutes les hanches sont l'une contre l'autre et sortent en forme de bouchon des cavités cotyloïdes; les quatre tarses antérieurs sont composés de cinq, les postérieurs de quatre articles; ongles fendus en deux parties inégales.

1   Élytres avec les marges suturales arrondies, et bâillant sur toute leur longueur 2

(1) Mulsant, *Coléopt. de France, Longipèdes*, 1865.

     Élytres avec les marges suturales droites et contiguës .   3

2   Corps aptère ; les marges suturales des élytres courbes, imbriquées l'une sur l'autre ; abdomen fortement proéminent, les hanches médianes touchent les hanches postérieures.   **Meloë** ([1]).

    Corps avec des ailes fortement développées, en partie seulement recouvertes par les élytres, qui finissent en forme de poinçon ; les hanches médianes sont éloignées des postérieures.   **Sitaris**,

3   Antennes formées de neuf articles seulement, épaissies en massue chez le mâle et tout à fait irrégulières chez la femelle.   **Cerocoma**.

    —   —   de onze articles.   **Lytta**.

LIV. — OEDÉMÉRIDES ([1]).

Antennes formées de onze ou douze articles. Elles sont insérées devant les yeux et sur les côtés du front. Elles sont filiformes ou sétacées, rarement serratiformes, et au moins aussi longues que la moitié du corps ; tête dégagée, ou bien inclinée et alors retirée jusqu'aux yeux sous le thorax, mais jamais étranglée en arrière. Pattes grêles et longues, les hanches l'une contre l'autre et dégagées des cavités cotyloïdes ; les quatre tarses antérieurs composés de cinq, les postérieurs de quatre articles ; l'avant-dernier article est bilobé ou cordiforme, rarement simple ; mais alors, dans ce dernier cas, les ongles, qui ordinairement sont simples ou simplement dentés, sont divisés à leur extrémité en deux parties inégales ; il n'est pas rare que le fémur postérieur du mâle soit fortement renflé.

1   Ongles fendus à leur pointe seulement, ou dentelés à leur base 2

    —   tout à fait simples. 3

(1) P. les esp., v. Brandt et Erichson, Nov. Act. Ac. Car.-Leop., XVI, 1, 1832.

2   Dernier article des palpes maxillaires cultriforme, tho-
    rax presque deux fois aussi large que long et arrondi
    à ses angles ainsi que sur ses côtés; ongles du mâle
    doublement fendus à leur extrémité, ceux de la
    femelle élargis en forme de dent à leur base; fémur
    postérieur fortement renflé.   **Osphya.**

    —   —   —   sécuriforme, thorax presque
    aussi long que large à son milieu, cordiforme; ongles
    des deux sexes armés d'une dent pointue à leur base.
                                                 Asclera.

3   Antennes insérées dans une petite échancrure des
    yeux.   **Calopus.**

    —   —   devant les yeux   4

4   Deux articles des tarses antérieurs sont munis de
    semelles feutrées.   **Nacerdes.**
    L'avant-dernier article seul de tous les tarses est garni
    de semelles   5

5   Tibias antérieurs avec une seule épine à leur extrémité.   6

    —   —   avec deux épines à leur extrémité.   .   7

6   Dernier article des palpes maxillaires sécuriforme; yeux
    très gros, réniformes; chaque élytre avec quatre ner-
    vures fines en relief.   **Xanthochroa.**

    —   —   —   long, ovoïde ou en forme de
    cône renversé et tronqué à son extrémité; yeux réni-
    formes, mais de grandeur moyenne; chaque élytre
    avec trois nervures longitudinales seulement.
                                                 Anoncodes.

(1) P. les esp., v. Schmidt, Linn. Ent., I, 1846; Suffrian, Stett. Ent. Zeit., 1848;
Mulsant, *Coléopt. de France. Angustipennes*, 1858; Ganglbauer, Verh.. Zool.
Bot. Ges. Wien, 1882.

7   Antennes insérées tout près des yeux   8
    —   —   assez loin des yeux et au-dessus de
la base des mandibules.   9
8   Yeux réniformes, les bords du front entre eux sont
    courbés vers l'intérieur ; élytres plus de quatre fois
    aussi longues que larges.   **Dryops.**
    — arrondis, les bords du front entre eux sont soit
    parallèles, soit courbés vers l'extérieur ; élytres à
    peine trois fois aussi longues que larges à leurs
    épaules, chacune d'elles est très rétrécie en arrière.
                                             Oedemera.
9   Dernier article des palpes maxillaires cultri- ou sécu-
    riforme.   **Chrysanthia.**
    —   —   —   cylindrique; tête
    petite et fortement prolongée en forme de trompe à
    partir des yeux.   **Stenostoma.**

LV. — SALPINGIDES ([1]).

Antennes composées de onze articles, filiformes ou régulièrement épaissies vers leur sommet, ou terminées par trois plus gros
articles ; elles sont insérées devant les yeux et sur les côtés de la
tête ; celle-ci est triangulaire ou prolongée en forme de trompe,
dégagée et non rétrécie derrière les yeux ; thorax toujours plus
étroit à sa base que les élytres à leur base ; toutes les hanches
dégagées et placées l'une contre l'autre ; les quatre tarses antérieurs à cinq, les postérieurs à quatre articles ; ongles simples
ou dentés à leur base.

1   Antennes filiformes ou régulièrement épaissies . . .   2
    — terminées par trois plus gros articles ; côtés
    du thorax dentelés.   **Lissodema.**

---

(1) Pour les esp., v. Abeille de Perrin, Bulletin Soc. Hist. Nat. de Toulouse,
VIII. 1874.

2   Tête prolongée en une trompe étroite.   **Rhinosimus.**
    — triangulaire.   **Salpingus.**

LVI. — BRUCHIDES.

Antennes formées de onze articles, dentées intérieurement en
ligne droite, ou épaissies à leur sommet, ou bien encore terminées par trois plus gros articles ; elles sont toujours insérées
devant les yeux et sur les côtés de la tête, ordinairement dans
une petite fossette ; tête ou bien en forme de trompe, ou au moins
prolongée à partir des yeux en une espèce de bec dont les côtés
sont parallèles ; mâchoire toujours avec deux lobes et des palpes
visibles et plus ou moins proéminents ; tarses composés de quatre
articles munis de semelles soit en brosse, soit spongieuses ; le
troisième article bilobé, ou bien le deuxième divisé en deux lobes
et recevant dans une fosse le troisième, qui est petit.

1   Les élytres laissent la pointe de l'abdomen à découvert.   2
    —   recouvrent la totalité de l'abdomen . . .   9
2   Tarses distinctement tétramères ; le troisième article
    est bilobé.   3
    —   indistinctement tétramères ; le troisième article
    est plus ou moins caché dans le deuxième, qui est
    divisé en deux lobes.   5
3   Antennes filiformes, épaissies à leur bout ou serrati-
    formes ; insérées devant une petite échancrure des
    yeux   4
    —   terminées par trois plus gros articles, insé-
    rées sur les côtés d'une très courte trompe ; yeux
    ronds sans échancrures.   **Urodon.**
4   Yeux fortement proéminents, qui font paraître la tête
    étranglée derrière eux.   **Bruchus** (1).

(1) V. Mulsant et Rey, Mém. Acad. Lyon, VIII, et Allard, Ann. Soc. Ent.
de Belgique, XI.

Yeux non proéminents ; tête rétrécie derrière les yeux.
                 Spermophagus.

5 . Antennes insérées dans une large gouttière aux côtés de la trompe. 6

—   —   dans une étroite gouttière, recourbée vers le dessous et placée sur les côtés de la trompe.   **Brachytarsus.**

6   Yeux ronds ou ovales et non échancrés 7

— réniformes et échancrés par devant.   **Anthribus.**

7   Milieu du thorax non élargi ; yeux peu ou pas proéminents 8

—   —   élargi en forme de coins ; yeux hémisphériques et fortement proéminents.
                 Platyrhinus.

8   Antennes terminées par trois plus gros articles, serrés et aplatis.   **Tropideres.**

Ces trois derniers articles sont seulement un peu plus épais que les autres ; ils sont allongés, à peine aplatis et un peu éloignés les uns des autres.   **Enedreutes.**

9   Tête distinctement prolongée en forme de trompe . . 10

— triangulaire, légèrement allongée par devant ; antennes insérées devant et tout contre les yeux.
                Choragus.

10   Antennes insérées plus près de la pointe que la base de la trompe.   **Rhinomacer.**

—   —   au milieu de la trompe, ou plus près de sa base que de sa pointe ; cette trompe est toujours complètement arrondie et plus longue que la tête et le thorax réunis.   **Diodyrhynchus.**

LVII. — CURCULIONIDES (¹).

Antennes presque toujours géniculées, avec une tête annelée
ou inarticulée ; lorsque, par exception, les antennes ne sont pas
géniculées, la tête est toujours prolongée en forme de trompe ;
les organes de la bouche sont petits, difficiles à distinguer, car
ils se trouvent au bout de la trompe ; la mâchoire ne comporte
qu'un seul lobe de substance cornée, triangulaire et muni d'épines
du côté intérieur, et supportant des palpes coniques et inarticulés ; tarses formés de quatre articles, dont le troisième est bilobé
ou légèrement cordiforme ; ces articles sont garnis en dessous
d'une large semelle ; rarement ces articles sont simples, et plus
rarement encore les tarses sont formés de cinq articles simples ;
ongles ou bien simples et séparés à leur base, ou bien soudés entre
eux depuis leur base jusque près de leur pointe ; quelquefois
simplement fendus à leur pointe ; très rarement il ne se ren-
contre qu'un ongle unique, et plus rarement encore les deux
ongles sont atrophiés.

1   Antennes non géniculées ; leur premier article n'est
      pas sensiblement prolongé ; trompe ordinairement
      dépourvue de rigoles destinées à loger les antennes .   2

       — géniculées ; le premier article sensiblement
      prolongé ; trompe toujours pourvue d'une rigole pour
      loger les antennes   8

ORTHOCERI.

2   Élytres laissant à découvert le dernier segment de
      l'abdomen   3

       — recouvrant la totalité de l'abdomen   5

(1) P. les esp., v. Schönherr, *Gen. et Spec. Curculionid.*, 16 vol., et Bedel,
Ann. Soc. Ent. de France, Appendice aux années 1882 et suiv.

3 Tête à sa base fortement étranglée sous forme de col, de façon qu'elle paraît être placée au bout d'une tige.
Apoderus (1).

— peu ou pas étranglée derrière les yeux. . . . 4

4 Les côtés intérieurs des tibias antérieurs sont dentés en scie. Attelabus (2).

— — — ne sont pas dentés. Rhynchites (3).

5 La trompe ne peut se replier sous la poitrine . . . 6

— peut se replier entièrement sous le mésosternum et entre les hanches antérieures; les pattes postérieures sont des pattes de sauteurs; antennes terminées par une tête ovale, en pointe et formée de quatre articles. Rhamphus.

6 Antennes terminées par une tête formée de trois plus gros articles séparés les uns des autres. Auletes (4).

7 — — par une crosse de trois articles serrés les uns contre les autres. Apion (5).

8 Trompe plus ou moins épaisse; antennes ordinairement insérées à sa pointe et sur les côtés de la bouche. 9

— cylindrique, rarement plus courte que le thorax; antennes insérées dans son milieu ou, du moins, près de son milieu 42

GONATOCERI BREVIROSTRES.

9 Rigole des antennes recourbée sous les yeux. . . . 10

— — courte et remontant en ligne assez droite jusque vers le milieu des yeux 38

(1) V. de Marseul, Abeille, V.
(2) Id. id.
(3) V. Desbrochers. Abeille, 1868.
(4) Id. id. V.
(5) V. Wencker, Abeille, I.

10 Trompe proéminente ou recourbée ; prosternum dépourvu de gouttière . . . . , . . . 11

Le bord antérieur du prosternum est profondément échancré ; les bords de cette échancrure forment une marge relevée, qui figure une légère rigole pour recevoir la trompe ; dessous des tarses dépourvus de semelle. **Gronops** [1].

11 Trompe courte et à côtes. 12

— . assez longue et plus ou moins cylindrique. . 23

12 Ongles totalement séparés 13

— soudés à leur base et formant une fourche . . 16

13 Corps court, ovoïde, ou ovoïde allongé, très souvent aptère, angle huméral des élytres obtus ou arrondi.

Barypeithes.

— allongé, pourvu d'ailes, angle huméral des élytres proéminent et droit 14

14 Le scape des antennes atteint à peine le bord antérieur des yeux 15

— — . dépasse les yeux. Thorax plus long que large. **Tanymecus.**

15 Tibias dépourvus de crochets à leur bout. **Sitones** [2].

— terminés par un grand crochet, élargi à l'intérieur. Le scape des antennes n'atteint pas jusqu'aux yeux. **Chlorophanus.**

16 Corps court, comprimé, ovoïde ou en ovale allongé, souvent aptère, angle huméral des élytres arrondi ou obtus 17

— allongé, ailé, angle huméral des élytres plus ou moins proéminent 21

(1) V. Allard, Berl. Ent. Zeitschr., 187°; Beiheft.
(2) P. les esp., v. Allard, Ann. Soc. Ent. de France, 1864.

17 Tous les articles du funicule des antennes sont plus longs que larges. 18

    Les articles du funicule depuis le troisième jusqu'au septième sont tout au plus aussi longs que larges et plus ou moins sphériques 19

18 Fémur antérieur armé d'une longue dent. **Eusomus.**

    —   —   dépourvu de dent. **Brachyderes.**

19 Rigole des antennes profonde, étroite et presque verticalement recourbée vers le bas.   **Sciaphilus.**

    —   —   peu recourbée et dirigée obliquement vers le bord inférieur des yeux 20

20 Les quatre tibias antérieurs présentent à leur pointe un prolongement large et aplati, un peu évidé en dessous, et arrondi en biais, qui recouvre le premier article des tarses.   **Cneorhinus.**

    Tibias non prolongés d'une manière sensible.

                    Strophosomus [1].

21 Trompe marquée à sa pointe d'une impression en demi-cercle qui la sépare ainsi du reste de la trompe par une fine ligne en relief.   **Scytropus.**

    —   sans cette impression en demi-cercle . . . 22

22 Le premier article seul du funicule des antennes est allongé, conique et plus épais que les suivants, qui sont en forme de lentilles.   **Metallites.**

    —   et le deuxième article sont allongés et coniques.   **Polydrosus.**

25 Ongles en fourche, en partie soudés à leur base . . 24

    —   totalement séparés 26

---

[1] P. les esp., v. Seidlitz, Berl. Ent. Zeitschr., 1870.

24 Bout des tibias élargi intérieurement en forme de cro-
        chet 25
            —   — inerme ; fémurs antérieurs dentelés.
                                        Liophlœus.

25 Trompe munie de rigoles profondes dans toute leur
        longueur et recourbées vers le bas.   **Cleonus** (¹).
        —   —   —   — seulement à leur
        origine et diminuant de profondeur à mesure qu'elles
        se recourbent en dessous.   **Tropiphorus.**

26 L'avant-dernier article au moins des tarses est divisé en
        deux lobes et pourvu d'une large semelle 27
        Tous les articles des tarses sont simples, cylindriques
        et sans semelles.   **Minyops.**

27 Tibias élargis du côté intérieur et armés à leur bout
        d'un crochet corné 28
            — sans crochet à leur bout 34

28 Insecte pourvu d'ailes 29
            — dépourvu d'ailes 31

29 Corps assez grand, écusson visible. 30
            — très petit, écusson à peine visible.
                                        Tanysphyrus.

30 Bord antérieur du prosternum profondément évidé en
        demi-cercle dans son milieu.   **Hylobius.**
            —   — seulement faiblement évidé dans toute
        sa largeur.   **Lepyrus.**

31 Premier et deuxième articles du funicule des antennes
        allongés ; le deuxième est beaucoup plus long que le
        troisième 32
        Le premier article seul est allongé, le deuxième diffère
        peu du troisième.   **Leiosomus.**

(1) V. Chevrolat, Mém. Soc. de Liège, série II, V.

52   Le dernier article des tarses est armé de deux fortes et
        puissantes griffes; élytres ovoïdes ou en ovale allongé.   33
            —   —   n'est armé que de deux tout petits
        ongles; élytres de forme sphérique, garnies de poils
        raides et relevés.   **Adexius.**

53   Écusson distinct; épaules des élytres arrondies; le
        scape des antennes n'atteint pas jusqu'aux yeux.
                                                Molytes.

        —   invisible ou très indistinct; élytres échan-
        crées à leur base, avec des épaules proéminentes et
        obtuses; le scape atteint le bord des yeux.
                                                Plinthus.

54   Pointe de la trompe de forme carrée et distinctement
        épaissie   35
            —   —   cylindrique, plus ou moins cour-
        bée et non épaissie   36

55   Les scapes des antennes atteignent ou dépassent le
        milieu des yeux.   **Barynotus.**
            —   —   n'atteignent pas les yeux; le
        prosternum forme deux petites protubérances entre
        et derrière les hanches antérieures.   **Alophus.**

56   Funicule des antennes composé de sept articles. . .   37
            —   —   — de six articles seule-
        ment.   **Limobius.**

57   Le bord postérieur du thorax est de chaque côté faible-
        ment évidé.   **Coniatus.**

            —   —   est légèrement arrondi; élytres
        légèrement échancrées.   **Phytonomus (¹).**

58   Ongles fourchus et en partie soudés à leur base. . .   39
            —   complètement libres et séparés   41

(1) V. Capiomont, Ann. Soc. Ent. de France, 1867 et 1868.

39 Épaules des élytres arrondies 40

— allongées, avec des épaules proéminentes et
obtuses ; corps ailé.   **Phyllobius** (1).

40 Base des élytres en ligne droite.   **Omias.**

— — distinctement quoique faiblement
échancrée.   **Peritelus** (2).

41 Trompe non élargie en lobes à sa pointe.

Trachyphlœus.

— élargie en lobes à la base des antennes.

Otiorhynchus (5)

GONATOCERI LONGIROSTRES.

42 Tarses tétramères, le troisième article presque toujours bilobé 43

— pentamères, avec des articles minces ; funicule
des antennes composé de quatre articles ; elles sont
terminées par une massue de forme ovale et massive.

Dryophthorus.

43 Antennes formées de onze à douze articles, terminées
par une massue articulée ; leur funicule est composé
de six ou sept articles 44

— — tout au plus de dix articles ; la massue est solide ou seulement indistinctement articulée ;
lorsque, par exception, elle est articulée, le funicule
n'est formé que de cinq articles 46

44 Les hanches antérieures se touchent ou, au moins, sont
très rapprochées, le prosternum n'est jamais creusé
en gouttière 47

(1) P. les esp., v. Desbrochers des Loges, Abeille, XI, 1873.
(2) P. les esp., v. Seidlitz, Berl. Ent. Zeitschr., 1865.
(3) P. les esp., v. Stierlin. Berl. Ent. Zeitschr., 1861 ; Beiheft ; Seidlitz, id.,
1868, id., et de Marseul, Abeille, X et XI.

Les hanches antérieures sont l'une contre l'autre ; le prosternum est creusé en gouttière en avant des hanches antérieures 75

—   — sont éloignées l'une de l'autre ; prosternum creusé en gouttière entre les hanches antérieures 45

45 Prosternum plan entre les hanches antérieures ; il n'existe point de rigole pour loger la trompe.

          Baridius ([1]).

— muni d'une rigole pour recevoir la trompe. 77

46 Massue des antennes formée de trois à quatre articles distincts ; le funicule est composé de cinq articles. . 87

—   — massive ou formée de deux articles indistincts ; le funicule est composé de six ou sept articles 91

47 Écusson distinct et visible 48

— manque ou est très peu distinct 72

48 Pattes impropres au saut. 49

Fémurs postérieurs fortement renflés, permettant à l'insecte de sauter.   **Orchestes** ([2]).

49 Ongles distincts 50

— visibles seulement avec une forte loupe ; ils se trouvent cachés dans une excavation du troisième article des tarses.   **Anoplus**.

50 — soudés jusqu'à la moitié de leur longueur . . . 51
  — libres, complètement séparés 55

---

(1) V. Brisoute d Barneville, Ann. Soc. Ent. de France, 1870.
(2) V. Brisout de Barneville, Ann. Soc. Ent. de France, 1865.

51 Le bord antérieur du prosternum est profondément
échancré   52

— — est en ligne droite et légèrement
évidé.   Tychius ([1]).

52 Bord postérieur du thorax doublement échancré en
demi-cercle ; chaque élytre est arrondie à sa base et
s'applique exactement à l'échancrure du thorax ;
écusson enfoncé et souvent invisible.   53

— — — peu ou pas échancré ; base
des élytres droite.   Smicronyx.

53 Trompe cylindrique et passablement longue. . . .   54

— à côtes, plus courte que le reste de la tête.
                                          Rhinocyllus.

54 Corps allongé et cylindrique.   Lixus ([2]).

— ovoïde ou ovoïde-allongé.   Larinus ([3]).

55 Funicule des antennes composé de sept articles. . .   56

— — — de six articles seule-
ment   68

56 Ongles simples.   57

— dentelés ou fendus   65

57 Les élytres laissent une partie de l'abdomen à découvert   63

— couvrent la totalité de l'abdomen . . .   58

58 Tous les tibias sont courbés et terminés par un gros
crochet   59

Les tibias antérieurs sont à peine courbés   60

(1) P. les esp., v. Brisout de Barneville, Ann. Soc. Ent. de France, 1862.
(2) et (3) P. les esp. de *Lixus* et de *Larinus*, v. Capiomont, Ann. Soc. Ent.
de France, 1873 à 1875.

59   Le pronotum et le prosternum sont profondément
     échancrés en avant.   **Hydronomus.**

         —   —   sont tronqués droit
     en avant.   **Erirhinus** (¹).

60   Élytres munies d'une protubérance avant leur pointe . 61
         — sans cette protubérance. 62

61   Tibias antérieurs terminés par un gros crochet;
     élytres cylindriques et seulement un peu plus larges
     que le thorax.   **Pissodes.**

         —   —   —   par une épine à peine
     visible; élytres ovoïdes, presque deux fois aussi
     larges à leur base que le thorax.   **Grypidius.**

62   —   —   — . par un crochet plus ou
     moins distinct; écusson triangulaire.   **Dorytomus.**

         —   —   dépourvus de crochets; écusson
     rond.   **Brachonyx.**

63   Yeux placés sur les côtés de la tête, peu proéminents;
     le front, entre les yeux, est presque aussi large que
     la trompe. 64

         — très gros et très rapprochés l'un de l'autre; le
     front ne formant, pour ainsi dire, qu'une simple
     ligne.   **Coryssomerus.**

64   Bord postérieur du thorax évidé de chaque côté pour
     recevoir un prolongement arrondi de la base des
     élytres.   **Magdalinus** (²).

         —   — faiblement arrondi; élytres échancrées
     à leur sommet.   **Acalyptus.**

<hr>

P. les esp., v. Tournier, Ann. Soc. Ent. de Belg., XVII.
(²) V. Desbroch. des Loges, Abeille, VI, 1870.

65   Chaque élytre est arrondie à son sommet, où bien les
derniers segments de l'abdomen n'en sont pas recouverts 66

—   — n'est pas isolément arrondie, ou bien
leur ensemble est arrondi ; l'abdomen est totalement
recouvert par elles 67

66   Élytres de forme ovale ; trompe assez mince, à peine
plus longue que la tête et le thorax réunis ; écusson
allongé.   **Lignyodes.**

— triangulaires ; trompe fine, filiforme, toujours
beaucoup plus longue que la tête et le thorax réunis ;
écusson relevé en pointe.   **Balaninus** (¹).

67   — ovales, élargies et ventrues à leur deuxième
moitié, beaucoup plus larges à leur base que le
thorax ; écusson un peu relevé ; les yeux sont proéminents.   **Anthonomus** (²).

— non ventrues, trompe à peine aussi longue que
la tête et le thorax réunis ; écusson non relevé.

Ellescus.

68   Les élytres recouvrent la totalité de l'abdomen . . . 69

—   sont isolément arrondies à leur extrémité
et laissent l'extrémité de l'abdomen à découvert . . 70

69   Base du thorax doublement évidée ; élytres longues et
cylindriques, faiblement bordées en relief à leur
base ; fémurs antérieurs notablement renflés et
dentés.   **Bradybatus** (³).

L'arrière du thorax n'est pas évidé, élytres en ovale
allongé, non bordées à leur racine ; fémurs à peine
renflés.   **Miccotrogus.**

____

(1) (2) et (3) V. Desbroch. des Loges, Ann. Soc. Ent. de France, 1868 et 1872.

70   Troisième article des tarses fortement divisé en deux
lobes **71**

Premier et deuxième articles des tarses étroits, beaucoup plus longs que larges ; le troisième article est à
peine plus large que les précédents ; il est ou tout à
fait simple ou faiblement cordiforme ; le dernier
article est aussi long que les deux précédents réunis.
Litodactylus.

71   Trompe mince, filiforme, assez longue ; yeux non proéminents ; thorax dépourvu de protubérances ; écusson
distinct, en forme de point et non enfoncé ; élytres
ovoïdes, tronquées droit à leur base.   **Sibynes.**

— épaisse, courte, distinctement élargie à sa
pointe ; yeux un peu proéminents ; thorax avec des
protubérances en forme de bosses ; écusson petit,
enfoncé ; élytres voûtées, beaucoup plus larges que
le thorax et à peine plus longues que larges.
Phytobius.

72   Yeux placés sur les côtés de la tête ; le front entre eux
est plus large ou aussi large que la trompe . . . **73**

— — devant le front et rapprochés l'un de
l'autre ; trompe carénée.   **Myorhinus.**

73   Les élytres recouvrent entièrement l'abdomen . . . **74**

— sont arrondies isolément, laissant une
partie de l'abdomen à découvert.   **Amalus.**

74   Rigoles destinées aux antennes courtes, tout à fait
recourbées sous la trompe.   **Trachodes.**

— — — profondes, aussi lon-
gues que le scape ; elles sont dirigées vers le bord
antérieur des yeux ; élytres en ovale allongé,
presque deux fois aussi longues que larges dans leur
milieu.   **Styphlus.**

75 Articles des tarses cylindriques ; le troisième article n'est pas lobé ; tibias terminés par un grand crochet. 76

    —   —   munis de larges semelles, le troisième est grand et divisé en deux lobes ; tibias terminés seulement par un petit crochet. **Acentrus.**

76 Funicule des antennes formé de sept articles.

                    Bagous (1).

    —   —   — seulement de six articles.

                    Lyprus.

77 Prosternum muni d'une profonde gouttière à marges tranchantes, se prolongeant jusqu'au mésosternum et servant à loger la trompe ; cette gouttière est nettement limitée 78

    —   d'une légère gouttière, qui très rarement s'étend jusqu'au mésosternum et n'est ainsi jamais nettement bornée 82

78 Élytres isolément arrondies, laissant le dernier segment de l'abdomen à découvert 79

    — simultanément arrondies, recouvrant tout l'abdomen. 80

79 Dernier article des tarses muni de deux ongles distincts. **Cœliodes.**

    —   —   — avec un seul ongle simple.

                    Mononychus.

80 Écusson distinct et visible 81

    — difficile à distinguer.   **Acalles** (2).

81 Fémurs postérieurs dépassant la pointe des élytres.

                Camptorhinus.

    —   — ne la dépassant pas.

                Cryptorhynchus.

(1) V. Brisout de Barneville, Ann. Soc. Ent. de France, 1863.
(2) V. Brisout de Barneville, Ann. Soc. Ent. de France, 1864.

82   Funicule des antennes formé de sept articles . . .   83

     —   —   — de six articles   86

83   Écusson distinct en forme de point en relief; élytres presque hémisphériques, fortement voûtées.   **Orobitis.**

    — indistinct, très petit; élytres peu voûtées; un peu aplaties   84

84   Élytres allongées, assez aplaties; trompe ronde, longue et fortement recourbée.   **Poophagus.**

    — courtes, ovoïdes   85

85   Trompe ronde et assez épaisse, aussi longue que la tête; yeux un peu proéminents; prosternum avec une légère rigole.   **Rhinoncus.**

    — longue, filiforme; chez les uns, elle est mince; chez d'autres, elle est épaisse, linéaire, modérément courbée et pouvant s'appuyer sur la poitrine; yeux à peine proéminents; prosternum avec une gouttière peu limitée, se terminant entre les hanches antérieures.   **Ceutorhynchus.**

86   — de longueur modérée, assez épaisse, peu courbée; élytres en carré allongé.   **Tapinotus.**

    — longue, épaisse, fortement courbée; élytres en ovale arrondi, presque rondes.   **Rhytidosomus.**

87   Antennes formées de dix articles   88

    —   — de neuf articles.   **Nanophyes** (¹).

88   Ongles soudés presque jusqu'à leur milieu   89

    — simples, bien séparés; prosternum creusé en gouttière entre les hanches antérieures.   **Cleopus.**

(1) **V.** Brisout de Barneville, Abeille, **VI**, 1869.

89 Les élytres recouvrent tout l'abdomen 90

    — laissent une partie de l'abdomen à découvert; elles sont courtes, habituellement un peu plus longues que larges aux épaules. **Gymnetron** (1).

90 Élytres ovoïdes, quadrangulaires, un peu plus longues que larges; le bout des tibias n'est quelquefois armé que chez la femelle. **Cionus.**

    — presque deux fois aussi longues que larges, cylindriques. **Mecinus** (2).

91 Funicule des antennes formé de six articles 92

    — — — de sept articles. . . . 93

92 Élytres isolément arrondies à leur sommet, angle sutural très obtus ou arrondi. **Sphenophorus** (3).

    — simultanément arrondies à leur sommet, angle sutural droit; thorax un peu plus court que les élytres. **Sitophilus.**

93 Les premier et deuxième articles du funicule sont allongés 94

Le premier article seul est allongé, les autres sont très courts et augmentent graduellement en épaisseur. **Rhyncolus.**

94 Écusson distinct 95

    — très indistinct ou manque. **Phlœophagus.**

95 Trompe élargie carrément à sa pointe. **Cossonus.**

    — filiforme. **Mesites.**

---

(1) V. Brisout de Barneville, Ann. Soc. Ent. de France, 1862.
(2) V. Tournier, Ann. Soc. Ent. de Belg., XVII.
(3) V. Allard, Berl. Ent. Zeitschr., 1870, Beiheft.

LVIII. — BOSTRYCHIDES (¹).

Antennes géniculées avec une tête annelée ou tout à fait massive, qui comprend la moitié de leur longueur ; très rarement les antennes sont terminées par une massue articulée à trois folioles ; le devant de la tête n'est que très peu ou même pas du tout prolongé ; tarses formés de quatre articles, ordinairement tout à fait simples ; quelquefois le troisième article est cordiforme et bilobé ; le côté extérieur des tibias antérieurs est ordinairement denté ; le reste des caractères est le même que ceux de la famille précédente.

1 Le troisième article des tarses est élargi, bilobé ou cordiforme 2

    —　　—　　est simple comme les précédents. 5

2 Le dessous du ventre est ascendant à partir du deuxième anneau ; le bout des élytres n'est pas en voûte déclive.　　　　　　　**Scolytus.**

    —　　　—　　n'est pas ascendant ; le bout des élytres sans déclivité 3

3 Funicule des antennes formé de cinq articles.

                     Dendroctomus.

    —　　　　—　　de six articles. **Hylurgus.**

    —　　　　—　　de sept articles 4

4 Massue des antennes arrondie, serrée.　　**Hylastes.**

    —　　　　—　　allongée, terminée en pointe.

                     Hylesinus.

5 Funicule des antennes composé de cinq articles.

                     Bostrychus.

    —　　　—　　　—　　de quatre articles . . 6

    —　　　—　　　—　　de deux articles.

                     Crypturgus.

(1) P. les esp., v. Chapuis, Mém. Soc. royale des sciences, Liége, 1869.

6 La massue des antennes est annelée. 7

— — est compacte. 8

7 Le prosternum est muni d'enfoncements pour loger les pattes antérieures ; les tarses sont plus longs que leurs tibias. **Platypus.**

— est dépourvu d'enfoncements ; tarses plus courts que les tibias. **Cryphalus.**

8 Tête assez grande, dégagée, aussi large que la pointe du thorax, qui est un peu étranglée ; le thorax est dépourvu de fossettes pour recevoir les antennes. **Polygraphus.**

— presque verticale, retirée jusqu'à la moitié des yeux dans le thorax, qui se trouve terminé en forme de capuchon ; le thorax, à sa partie inférieure, est muni d'une fossette pour recevoir la massue des antennes. **Xyloteres.**

LIX. — CÉRAMBYCIDES (¹).

Antennes formées de onze articles ou davantage ; elles sont filiformes, serratiformes, imbriquées ou pectinées, mais jamais épaissies à leur bout ; elles sont insérées sur le front et près de l'échancrure des yeux, et presque toujours au moins aussi longues que la moitié du corps, et souvent beaucoup plus longues ; la tête n'est jamais prolongée en forme de trompe, la pointe des mandibules est toujours simple ; mâchoire à deux lobes, avec des palpes visibles ; tarses ordinairement grêles et longs, dépassant de beaucoup les côtés du corps ; tarses formés de quatre articles pourvus de semelles en brosse ou spongieuses ; le troisième article est bilobé.

1 Yeux fortement échancrés ou réniformes, la base des antennes empiétant plus ou moins dans cette échan-

(1) P. les esp., v. Mulsant, *Coléopt. de France, Longicornes,* 1ʳᵉ et 2ᵉ édit. Ganglbauer, Verh. Zool. Bot. Ges. Wien, 1882.

crure; la tête n'est jamais étranglée en forme de col à sa partie postérieure 2

Yeux ronds sans ou avec une légère échancrure; antennes insérées sur le front, devant ou entre les yeux; tête rétrécie en arrière et formant un col par lequel elle est attachée au thorax; hanches antérieures coniques et proéminentes; tibias antérieurs sans rainures 43

2 Labre très petit ou invisible; hanches antérieures cylindriques, transversales, occupant toute la largeur du prosternum 4

— très distinct; hanches antérieures coniques ou sphériques, proéminentes, quelquefois, mais rarement, avec un prolongement qui se montre dans une fissure formée par les cavités cotyloïdes vers les côtés du prosternum 3

3 Tête inclinée; dernier article des palpes sécuriforme, ovoïde ou cylindrique, avec la pointe tronquée; tibias antérieurs sans rainure 6

— verticale; dernier article des palpes ovale et pointu, jamais tronqué; tibias antérieurs avec une rainure en biais du côté intérieur 27

PRIONIDÆ.

4 Antennes beaucoup plus longues que la tête et le thorax réunis; elles sont filiformes, sétacées ou imbriquées. 5

— à peine aussi longues que la tête et le thorax réunis et à peu près moniliformes; thorax fortement voûté; élytres cylindriques, **Spondylis.**

5 Considérés verticalement, les côtés du thorax sont droits, élargis, à côtes tranchantes et munies d'épines. **Prionus.**

— — — — paraissent arrondis, parce que le bord latéral, qui n'est que faiblement bordé, est tout à fait déplacé vers le dessous. **Ægosoma.**

CERAMBYCIDÆ.

6 Les côtés du thorax sont presque toujours pourvus d'une épine ou d'une protubérance pointue ; fémurs postérieurs notablement prolongés ; ils ne sont ni rétrécis à leur base, ni renflés en massue au milieu .   **7**

— — sont ordinairement inermes. Quelquefois, ils présentent une faible proéminence, mais alors les fémurs sont toujours rétrécis à leur base et renflés en massue vers leur pointe **9**

7 Les deuxième et troisième articles des antennes ne sont pas épaissis d'une façon très notable à leur extrémité, mais simplement munis de petits bouquets de poils ; thorax dépourvu de rides transversales. . .   **8**

— et souvent quatrième articles des antennes sont épaissis en forme de bouton à leur extrémité ; thorax sillonné de rides transversales et en relief. **Hammaticherus.**

8 Côtés du thorax armés d'une grosse protubérance conique ; élytres vertes ou bleues. **Aromia.**

— — — seulement d'une petite protubérance ; élytres en tout ou en partie d'un rouge foncé. **Purpuricenus.**

11

9 Élytres raccourcies, laissant une partie des ailes et de l'abdomen à découvert; ou bien subulées depuis leur base jusqu'à leur sommet 10

— non raccourcies, ou rarement et faiblement rétrécies derrière leur base 12

10 — très courtes et ne dépassant pas ou de peu le métanotum 11

— subuliformes, dépassant de beaucoup le métanotum. **Stenopterus.**

11 — à peine aussi longues que larges. **Molorchus.**

— deux fois aussi longues que larges. **Leptidea.**

12 Thorax distinctement plus large que long 13

— étroit, allongé, aussi long ou plus long que large 24

13 Le prolongement du mésosternum passant entre les hanches médianes vers le métasternum est échancré à sa pointe 14

— est aigu ou tronqué droit 20

14 Les côtés du thorax sont armés d'une petite pointe ou d'une épine. **Saphanus.**

— — sont inermes, sans pointe ni épine. 15

— — sont garnis un peu vers le dessous d'une macule ovale en creux, garnie d'une substance veloutée. **Stromatium.**

15 Thorax de forme un peu sphérique, ou bien transversal avec sa surface régulièrement voûtée 16

— avec le disque plus ou moins aplati, souvent marqué de petites fossettes; fémur renflé en massue à son bout 17

16 Pattes à peu près toutes de même longueur; les fémurs postérieurs un peu plus longs que les autres, mais n'atteignant pas le sommet des élytres.

Hesperophanes.

— postérieures prolongées; leurs fémurs dépassent le sommet des élytres. Clytus ([1]).

17 Le prolongement du prosternum qui sépare les hanches antérieures est étroit 18

Ce prolongement est large et tronqué en arrière.

Hylotrupes.

18 Élytres à peu près cylindriques, presque trois fois aussi longues que larges; le dernier article des palpes est ovoïde et tronqué à son extrémité. Criocephalus.

— à peine deux fois aussi longues que larges, plus ou moins aplaties et quelquefois un peu élargies en arrière; dernier article des palpes sécuriforme . 19

19 Le prolongement du prosternum entre les hanches antérieures est étroit, aigu; élytres un peu rétrécies derrière leur base. Rhopalopus.

Ce prolongement est à pointe mousse ou arrondie; côtés des élytres droits. Semanotus.

20 Fémurs d'épaisseur médiocre, renflés à leur milieu, mais non épaissis en forme de massue à leur bout. . 21

— épaissis à leur bout en forme de coin . . . 23

21 Ongles simples. 22

— armés d'une petite dent à leur base.

Anisarthron.

(1) **V.** *Monographie des Clytus*, par Laporte et Gory, et Lameere, *Tabl. synopt. du Clytus de Belgique* (Bull. Soc. natur. dinantais, I).

22 Thorax aussi long que large, à peine élargi à ses côtés, aplati en dessus et aussi large que les élytres ; bord antérieur du prosternum profondément entaillé.

Nothorhina.

— beaucoup plus large que long, arrondi sur les côtés et un peu plus étroit que les élytres; il n'est pas aplati en dessus et garni seulement de fossettes indistinctes ; bord antérieur du prosternum légèrement entaillé.   Asemum.

23 Le troisième article des antennes est à peine deux fois aussi long que le deuxième.   Criomorphus.

— — est trois fois aussi long que le deuxième.

Callidium.

24 Le premier et le deuxième anneau du ventre sont à peu près de même longueur.   Gracilia.

— anneau est beaucoup plus long que le deuxième ; il est ordinairement aussi long que les deux suivants réunis 25

25 Yeux très fortement échancrés 26

— seulement avec une petite échancrure aux côtés intérieurs ; le dernier article des palpes maxillaires est sécuriforme.   Cartallum.

26 Les côtés du thorax ont une aspérité au milieu.

Obrium.

— — sont un peu rétrécis derrière leur milieu et parfaitement arrondis ; le dessus régulièrement voûté.   Deilus.

LAMIIDÆ.

27 Côtés du thorax armés d'une épine ou d'une aspérité aiguë 28

— — sans épine ou aspérité 35

28 Insecte ailé 29
     — dépourvu d'ailes.   **Dorcadion.**

29 Fémur renflé à son milieu ou à son bout 30
     — partout de même épaisseur 34

50 Élytres aplaties sur le dos 31
     — tout à fait cylindriques et non aplaties 32

31 Troisième article des antennes à peine deux fois aussi
     long que le dernier article ; abdomen de la femelle
     armé d'une corne.   **Astynomus.**
     —   —   — au moins trois fois aussi
     long que le dernier ; femelle dépourvue de corne à
     l'abdomen.   **Acanthoderes.**

52 Antennes garnies de longs poils 33
     — dépourvues de poils ou seulement garnies de
     petits poils courts et couchés.   **Leiopus.**

55 Les fémurs ont à leur milieu leur plus grande largeur ;
     le quatrième article des antennes est à peine plus
     long que le cinquième.   **Exocentrus.**
     — sont très minces à leur base, renflés en
     massue à leur bout ; le quatrième article des antennes
     est deux fois aussi long que le cinquième.
                    Pogonocherus.

54 Antennes tout au plus de la longueur du corps ; élytres
     ovoïdes allongées.   **Lamia.**
     — toujours plus longues que le corps ; élytres
     longues, cylindriques et rétrécies en arrière chez le
     mâle.   **Monochamus.**

55   — formées de onze articles ou, chez le mâle
     seulement, le onzième article est divisé en deux
     parties indistinctes 36
     —   — de douze articles chez les deux
     sexes 42

36 Les antennes sont frangées et leur dessous est garni de longs poils 37

  —   ne sont pas velues, ou elles n'ont que de rares poils longs 38

37 Élytres à peu près trois fois aussi longues que larges ; leur sommet coupé en biais.   **Niphona.**

  —   à peine moitié aussi longues que larges, et arrondies au sommet.   **Mesosa.**

38 Ongles simples. 39

  Chaque ongle est fendu, ou est armé d'une dent pointue 40

39 Fémurs postérieurs peu épaissis, le plus épais au milieu.   **Saperda.**

  —   —   renflés en massue à leur bout.   **Anæsthetis.**

40 Yeux seulement fortement échancrés 41

  — littéralement coupés en deux parties. **Tetrops.**

41 Les bouts des fémurs postérieurs n'atteignent qu'au deuxième anneau du ventre.   **Oberea.**

  —   —   —   atteignent au delà du milieu du troisième anneau du ventre ; élytres très distinctement rétrécies à leur extrémité.   **Stenostola.**

  —   —   —   atteignent au moins au delà du troisième anneau ; élytres rétrécies à leur extrémité.   **Phytœcia.**

42 Antennes glabres ; les articles difficiles à distinguer ; le bout des fémurs postérieurs atteint à peine le premier anneau du ventre.   **Calamobius.**

Antennes avec des articles distincts, frangées en dessous
de poils longs; les fémurs postérieurs atteignent
l'extrémité du deuxième anneau du ventre.

             Agapanthia.

LEPTURIDÆ ([1]).

43 Thorax armé de chaque côté d'une aspérité ou d'une
épine 44

   — sans aspérités. 46

44   — avec une aspérité pointue de chaque côté; les
antennes atteignent à peine la longueur de la moitié
du corps.   Rhagium.

   —   — mousse, très rarement poin-
tue, mais alors les antennes sont minces et presque
aussi longues que le corps. 45

45 Disque du thorax armé de deux fortes pointes; antennes
moitié de la longueur du corps; le troisième article
à peine plus long que le quatrième.

            Rhamnusium.

   —   — divisé au milieu par un sillon;
antennes presque toujours aussi longues que le
corps; le troisième article est beaucoup plus long
que le quatrième.   Toxotus.

46 Base du thorax doublement sinuée; les deux angles
sont allongés en forme d'épines divergentes, qui
s'appliquent aux épaules des élytres; ces dernières
sont rétrécies à leur sommet. Strangalia.

Les angles de la base du thorax sont obtus, ou allongés
en courtes épines parallèles 47

<hr>

[1] V. Lameere, Bull. Soc. natur. dinantais, I.

47 Extrémité des élytres arrondie 48

    —   — tronquée droite.   **Leptura.**

48 Élytres larges, fortement voûtées en avant; les
épaules fortement masquées, et l'arrière des élytres
fortement rétréci.   **Pachyta.**

    — étroites, peu ou pas rétrécies en arrière.

                                     Grammoptera.

LX. — CHRYSOMÉLIDES.

Antennes formées de onze articles, filiformes, moniliformes,
serratiformes, ou pectinées; ou encore faiblement épaissies à
leur bout; ou enfin seulement terminées par quelques articles
plus gros; elles sont insérées sur le front, ou devant les yeux,
qui rarement sont échancrés; elles sont ordinairement plus
courtes que la moitié du corps, quelquefois, mais rarement, plus
longues; dans ce dernier cas, le thorax n'a jamais d'aspérités à
ses côtés et les yeux ne sont jamais échancrés; mandibules
sinuées à l'intérieur et presque toujours divisées en plusieurs
dents à leur pointe; mâchoire formée de deux lobes, l'extérieur
ordinairement effilé en forme de palpe; palpes maxillaires
distincts; pattes robustes, ordinairement assez courtes; tarses
comme chez la famille précédente.

1 Antennes insérées très près l'une de l'autre sur le front
ou devant les yeux 2

    — éloignées l'une de l'autre, insérées dans une
petite fosse sur les côtés de la tête et près du bord
antérieur des yeux; ongles presque toujours simples. 10

CASSIDIDÆ.

2 Tête dégagée, ou seulement en partie retirée dans le
   thorax, dont le bord antérieur est tronqué en ligne
   droite   3

   — tout à fait recouverte sur le bord antérieur du
   thorax, qui est élargi en forme de bouclier à bords
   tranchants ; la tête se trouve retirée dans le prosternum, qui est excavé.   Cassida ([1]).

HISPIDÆ.

3 Tête verticale ou penchée   4

   — infléchie, présentant son front en avant, et les
   antennes insérées sur ce front, qui forme une brosse.
                                    Hispa.

4 Premier segment du ventre de dimension normale . .   5

   —   —   — aussi long que les quatre
   suivants réunis ; yeux fortement proéminents ; ongles
   simples   6

5 Thorax aussi long ou plus long que large, fortement
   rétréci en arrière, assez cordiforme ; lorsque, par
   exception, il est plus large que long et qu'il n'est pas
   rétréci en arrière, ses côtés sont toujours dentés ;
   ongles ordinairement simples.   7

   — aussi large ou plus large que long, ni cordiforme, ni denté à ses côtés ; ongles ordinairement
   fendus, ou dentés à leur base.   33

(1) P. les esp., v. *Tabl. synopt. des Cassides de France*, par de Marseul,
Feuille des Jeunes Natur., IV.

DONACIIDÆ ([1]).

6   Le troisième article des tarses est bilobé; le dernier
article est court.   **Donacia.**

      —   —   —   est très petit, non lobé;
le dernier article est très-long.   **Hæmonia.**

CRIOCERIDÆ ([2]).

7   Ongles fendus, ou élargis; dent à leur base   8

     — ni fendus, ni dentés . . . . —   9

8   Les hanches antérieures se touchent l'une l'autre.

                                    Zeugophora.

      —   —   sont séparées par une baguette
mince; thorax cordiforme, sans aspérités sur ses
côtés.   **Orsodacna.**

9   Écusson petit, passablement carré; les ongles des
tarses sont soudés à leur base.   **Lema.**

      — presque toujours triangulaire; ongles des
tarses séparés et libres.   **Crioceris.**

CHRYSOMELIDÆ.

10   Hanches antérieures, en cône tronqué, ordinairement
très proéminentes, se touchant à leur sommet et
séparées à leur base par une mince baguette qui
manque quelquefois; hanches postérieures rapprochées l'une de l'autre; antennes serratiformes. . . 11

      —   —   séparées par une baguette sou-
vent très large; elles ne se touchent pas à leur sommet; hanches postérieures écartées l'une de l'autre;
antennes très rarement serratiformes 16

---

(1) et (2) V. Lacordaire, Mém. Soc. des Sciences de Liége, III.

11 Thorax avec des angles postérieurs relevés et émoussés ;
tibias antérieurs courbés ; mandibules du mâle plus
grandes que celles de la femelle.   Labidostomis.

   —   —   —   totalement arrondis.   12

12 Les quatrième et cinquième articles des antennes sont
entre eux semblables, triangulaires et en pointe du
côté intérieur.   Clythra (¹).

Le quatrième article est conique, plus long et plus
étroit que le cinquième 13

13 Bord antérieur de la tête légèrement échancré, non
denté 14

   —   —   profondément échancré,
de façon que, chez les mâles, cette échancrure forme
de chaque côté deux dents.   Cheilotoma.

14 Yeux en ovale allongé et placés verticalement.
                                Lachnæa.

— ronds. 15

15 Mandibules du mâle sensiblement agrandies ; yeux
petits, surtout chez les mâles ; le thorax et les élytres
sont d'une même couleur.   Coptocephala.

   —   à peu près de même grandeur chez les
deux sexes ; yeux gros ; thorax en tout ou en partie
de couleur de rouille ; élytres bleues ou vertes.
                        Gynandrophthalma.

16 Ongles fendus à leur pointe, ou avec une dent à leur
base 17

— simples. 20

____

(1) V. Lacordaire, Mém. Soc. des Sciences de Liège, t. V, et Lefèvre, Ann.
Soc. Ent. de France, 1872.

17 Prolongement du prosternum entre les hanches très large ; front vertical 18

— — — — étroit ; front seulement penché 19

18 Dernier article des palpes ovoïde, à peine plus gros que l'avant-dernier ; les élytres laissent à découvert le dernier segment de l'abdomen. **Eumolpus.**

— — — court, ovoïde, beaucoup plus gros que l'avant-dernier ; les élytres recouvrent la totalité de l'abdomen. **Chrysochus.**

19 Le côté extérieur des tibias, dans les pattes postérieures au moins, est élargi en grosse dent triangulaire. **Gonioctena.**

Les tibias sont simples à toutes les pattes. **Phratora.**

20 Front vertical ; tête rentrée dans le thorax 21

— penché ; tête dégagée 26

21 Antennes longues, filiformes, rarement un peu serratiformes 22

— s'épaississant régulièrement vers leur pointe, ou terminées par quatre ou cinq articles plus gros et séparés. 25

22 Écusson visible. 23

— invisible. **Stylosomus.**

25 Thorax large, faiblement voûté dans le sens de sa longueur, très peu rétréci en avant ; la bordure fine qui orne ses côtés disparaît presque entièrement aux angles antérieurs. **Pachybrachys.**

— fortement voûté dans le sens de sa longueur, sensiblement rétréci par devant ; il est plus ou moins sphérique ; les côtés sont distinctement bordés en relief et cette bordure atteint les angles antérieurs . 24

24 Tibias antérieurs aplatis et élargis ; ils sont à peine deux fois aussi longs que larges. **Disopus.**

— — non élargis. **Cryptocephalus** (1).

25 Antennes terminées par quatre ou cinq grands articles ; thorax deux fois aussi large que long.

Lamprosoma.

— épaissies peu à peu jusqu'à leur bout ; thorax aussi long que large. **Pachnephorus.**

26 Palpes filiformes, le dernier article plus ou moins aigu 27

— un peu épaissis ; le dernier article tronqué à sa pointe. 31

27 Bord postérieur du thorax de forme courbe. . . . 28

— — — droit ou très légèrement arrondi. **Prasocuris.**

28 Le bout des tibias postérieurs est de même forme de chaque côté 29

Le côté extérieur de ce bout est triangulairement élargi et est muni d'une longue rigole sur son dos.

Gastrophysa.

29 Corps ovoïde raccourci, hautement voûté ou hémisphérique ; le thorax est toujours le plus large à sa base. **Phædon.**

— — allongé, thorax le plus large au milieu ou en avant 30

30 Écusson semi-circulaire, plus large que long ; élytres effilées en pointe. **Colaphus.**

— triangulaire, élytres ovoïdes, élargies au milieu et totalement arrondies à leur sommet.

Plagiodera.

(1) V. Suffrian, *Linnœa Entomol.*, t. II à XVI, et la traduct. par Fairmaire, Ann. Soc. Ent. de France, 1848 à 1850, et de Marseul, Abeille, XIII.

51 Les tibias postérieurs sont pourvus d'une rigole sur
leur dos; elle s'étend presque jusqu'à leur bout; la
base du thorax est beaucoup plus étroite que la base
des élytres; ces dernières sont munies d'une petite
bosse aux épaules.   **Lina.**

Le dos des tibias est dépourvu de rigole, ou le thorax
à sa base est à peu près de même largeur que les
élytres à leur base 32

52 Corps dépourvu d'ailes; élytres en tout ou en partie
soudées.   **Timarcha** (¹).

— ailé, ou au moins les élytres ne sont pas soudées.
Chrysomela (²).

GALERUCIDÆ (³).

53 Fémurs postérieurs non épaissis 34
— fortement renflés; tarses propres au saut . . 39

54 Chaque ongle fendu en deux parties inégales et en
pointe fine 35
— — est élargi en large dent à sa base . . 36

55 Élytres ventrues vers leur sommet, à peine plus larges
que longues; le corps est souvent aptère.
Adimonia.

— au moins de moitié plus longues que larges;
leurs côtés sont droits, et l'insecte est toujours ailé.
Galeruca.

56 Le troisième article des antennes est beaucoup plus
long que le deuxième 37

---

(1) V. Fairmaire, Ann. Soc. Ent. de France, 1873.
(2) V. Suffrian, *Linnæa Entom.*, V, et la traduct. par Fairmaire, Soc. Ent.
de France, 1853, 1854, 1858, 1865.
3) V. de Joannis, Abeille, III.

Le deuxième et le troisième article sont de même longueur.   Calomicrus.

57 Le bord antérieur du thorax est droit; les angles n'en
sont pas proéminents; les côtés des élytres sont
presque parallèles; elles sont au moins de moitié
plus longues que larges 38

—   —   — est visiblement échancré,
avec des angles proéminents; le bord postérieur est
arrondi; élytres élargies vers leur sommet et à peine
d'un quart plus longues que larges derrière leur
milieu.   Agelastica.

58 Les côtés infléchis des élytres sont distinctement interrompus et nettement limités par une fine ligne en
relief qui s'y réunit derrière le milieu des élytres; les
anneaux du ventre n'ont rien de particulier chez les
deux sexes.   Luperus.

—   —   — ne sont ni distinctement
interrompus, ni limités par une ligne en relief; chez
le mâle : ou les anneaux du ventre sont creusés en
fossette, ou les anneaux du milieu ont des appendices; le premier anneau est orné d'une corne plate
dirigée vers l'arrière.   Phyllobrotica.

39 Corps ovoïde, ou ovale allongé. 40
— hémisphérique 44

40 Tarses insérés sur le bout même des tibias 41
—   — avant le bout des tibias, dans le milieu
d'une coupure en biais, et formant rigole.
                                     Psylliodes ([1]).

(1) V., pour la tribu des Halticides : Allard, Ann. de la Soc. Ent. de France,
1860. Foudras, Mulsant, *Coléopt. de France, Halticides*, 1860; Kutschera, Wien.
Ent. Monatschr., III, 1859; IV, 1860; V, 1861; VI, 1862; VII, 1863; VIII, 1864;
Allard, Abeille, III, 1866.

41 Tibias armés à leur bout d'une épine simple ; tête
dégagée 42
— — — — divisée en
forme de fourche ; tête engagée. **Dibolia** ([1]).

42 Le premier article des tarses est au moins aussi long
que la moitié du tibia. **Longitarsus** ([1]).
— — — est plus court que la
moitié du tibia 43

43 Tibias postérieurs creusés d'une large gouttière dont
le bord extérieur se prolonge en épine au-dessus de
la pointe. **Plectroscelis** ([1]).
— — — d'une faible rigole, dont le
bord ne se termine pas en dent. **Haltica** ([1]).

44 Dos des tibias dépourvus de gouttières 45
— — pourvus d'une large gouttière pour recevoir les tarses ; chaperon profondément échancré
derrière le labre. **Argopus** ([1]).

45 Le bord postérieur du thorax est pourvu à son milieu
d'un prolongement arrondi, dirigé vers l'écusson.
Sphæroderma ([1])
— — — est régulièrement arrondi
en arc aplati. **Apteropeda** ([1]).

LXI. — CORYLOPHIDES.

Corps très petit, ovoïde ou ellipsoïde ; tête tout à fait retirée
sous le thorax, qui se trouve prolongé en forme d'écusson arrondi ;
antennes formées de neuf à onze articles, terminées par trois à

(1) V., pour la tribu des Halticides : Allard, Ann. de la Soc. Ent. de France,
1860 ; Foudras, Mulsant, *Coléopt. de France, Halticides*, 1860 ; Kutschera, Wien.
Ent. Monatschr., III, 1859 ; IV, 1860 ; V, 1861 ; VI, 1862 ; VII, 1863 ; VIII, 1864 ;
Allard, Abeille, III, 1866.

cinq plus gros articles; mâchoire formée d'un seul lobe; tarses
formés de quatre articles simples.

1   Antennes formées de onze articles, avec une massue de
      cinq articles; le deuxième article de cette massue est
      plus petit que le premier et le troisième. **Sacium**.

      —   —   de dix articles, terminées par trois
    plus gros articles; corps velu.   **Sericoderus**.

      —   —   de neuf articles, terminées par trois
    gros articles; corps glabre en dessus. **Corylophus**.

LXII. — ENDOMYCHIDES ([1]).

Antennes de onze articles, insérées sur le front et entre les
yeux, ne pouvant pas se replier sous les côtés de la tête; tarses
en apparence de trois articles, les deux premiers avec une large
semelle, le deuxième est bilobé et enveloppe le troisième, qui est
extrêmement petit, ainsi que la moitié du dernier article.

1   Hanches antérieures séparées par un prolongement du
      prosternum   2

      —   —   placées l'une contre l'autre . .   3

2   Mésosternum quadrangulaire.   **Endomychus**.

      —   triangulaire, fortement rétréci en avant.
                                           Mycetina.

3   Le deuxième et le troisième article des antennes sont
      à peu près de même longueur.   **Lycoperdina**.

    Le troisième article est beaucoup plus long que le
      deuxième.   **Dapsa**.

(1) V. de Marseul, Abeille, V.

LXIII. — COCCINELLIDES (¹).

Antennes formées de dix à onze articles, insérées devant les yeux et pouvant se replier sous les côtés de la tête ; elles sont en massue ou insensiblement épaissies vers leur bout ; corps hémisphérique ou ovoïde plus ou moins voûté ; tarses comme chez la famille précédente, ou bien formés de trois articles distincts et simples.

1 Mandibules simples ou avec la pointe fendue . . .   2

     —   armées de trois ou quatre grandes dents . 14

2 Tête élargie ; son bord antérieur enveloppe le devant des yeux et recouvre la base des antennes   3

     — rétrécie par devant ; le bord antérieur ne recouvre pas la base des antennes et n'enveloppe pas les yeux 5

3 Les élytres, à leur base, sont beaucoup plus larges que le thorax, qui est en forme de demi-lune ; corps dépourvu de poils 4

     —   —   sont à peine plus larges que le thorax ; corps elliptique et velu.   **Platynaspis.**

4 Chaperon profondément échancré avec bord relevé ; labre à peine visible.   **Chilocorus.**

     — peu ou pas échancré, sans bord relevé ; labre avancé.   **Exochomus.**

5 Ongles simples, corps allongé.   **Anisosticta.**

     — fendus, ou armés d'une large dent pointue à leur base 6

---

(1) V. Mulsant, *Coléopt. de France, Sécuripalpes*. Également Bouillon, Ann. Soc. Ent. de Belg., t. II et III.

6   Languette profondément et triangulairement échancrée,
    garnie à ses côtés de longs poils ; lobe extérieur de
    la mâchoire terminé en forme d'assiette ; écusson à
    peine visible.   **Micraspis.**

    —   tronquée ou faiblement échancrée ; écusson
    visible.   7

7   Les antennes sont très courtes et à peine aussi longues
    que la tête ; les deux premiers articles sont grands et
    difficiles à distinguer l'un de l'autre ; élytres à leur
    base à peine plus larges que le thorax ; leurs côtés
    sont arqués   8

    —   atteignent ou dépassent le mésothorax ;
    élytres à leur base beaucoup plus larges que le
    thorax ; leurs côtés ne sont pas arqués   9

8   Corps dépourvu de poils ; l'écusson est grand.
                                    Hyperaspis.

    —   poilu ; écusson petit 13

9   Dessus du corps dépourvu de poils. 10

    —   —   velu 12

10 Le premier anneau du ventre est pourvu d'un pro-
    longement court vers les hanches postérieures qui,
    sous forme de lignes en relief, entourent souvent les
    hanches et forment ce que l'on nomme des plaques
    abdominales. 11

    Ce prolongement manque.   **Hippodamia.**

11 Massue des antennes courte, tronquée assez droit à sa
    pointe ; les articles étroitement serrés les uns contre
    les autres et plus larges que longs ; le dernier article
    à sa base est à peine plus étroit que le bout de l'avant-
    dernier article.   **Coccinella.**

Massue des antennes allongée; les articles sont ordinairement plus longs que larges; le dernier article à sa base est sensiblement plus étroit que le bout de l'avant-dernier, et il est bien distinct de celui-ci.

Halyzia.

12　Corps ovoïde; le dernier article des antennes est presque aigu; élytres confusément ponctuées.

Rhizobius.

—　ovoïde allongé; le dernier article des antennes est tronqué en biais; élytres ponctuées en lignes.

Coccidula.

13　Élytres à leur base peu ou pas plus larges que le thorax; celui-ci est rétréci en avant.　**Scymnus.**

—　　—　beaucoup plus larges que le thorax; celui-ci est rétréci en arrière.　**Novius.**

14　Mandibules armées de plusieurs dents, elles-mêmes serratiformes; languette conique, avec la pointe mousse; ongles fendus et armés à leur base d'une dent large et pointue; corps ailé.　**Epilachna.**

—　　—　de quatre dents simples; languette tronquée, avec les angles droits; ongles non fendus et simplement armés d'une dent à leur base; corps sans ailes.　**Cynegetis.**

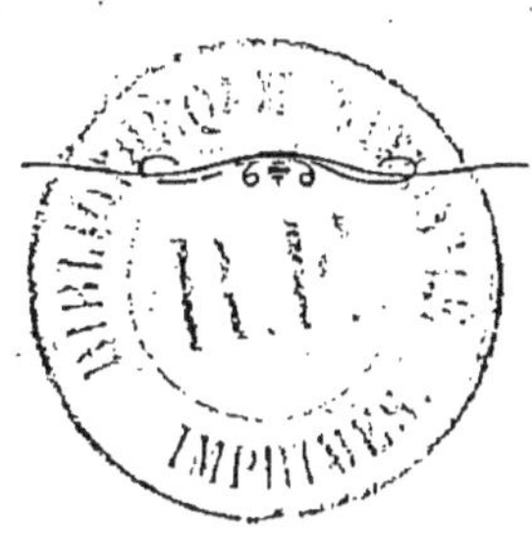

NOTICE

SUR LA

SOCIÉTÉ ENTOMOLOGIQUE DE BELGIQUE

La Société Entomologique de Belgique, fondée en 1855, a pour but de propager dans le pays le goût des observations entomologiques et de concourir, par ses travaux, au développement de la science.

Elle forme une *bibliothèque entomologique*, ainsi que des *collections*, dont la conservation est confiée, en vertu d'une convention, au Musée royal d'Histoire naturelle.

Elle se réunit en *séance ordinaire* le premier samedi de chaque mois, à 8 heures du soir.

Le 26 décembre de chaque année, à midi, a lieu l'*assemblée générale* pour les affaires administratives de la Société.

Pendant la belle saison, la Société organise chaque mois une *excursion entomologique*.

La Société publie chaque année un volume d'*Annales* et chaque mois le *Bulletin* ou *Compte rendu* de la séance scientifique mensuelle.

Les *membres effectifs* de la Société, soit belges, soit étrangers, sont en nombre illimité. Ils sont admis par le Conseil d'administration, sur la présentation de deux membres effectifs, et ont à payer chaque année une cotisation, actuellement fixée à *seize francs*. Ils reçoivent toutes les publications de la Société et peuvent emprunter à domicile les ouvrages de la bibliothèque.

Ceux qui résident à l'étranger peuvent, moyennant un seul paiement de deux cents francs, être libérés de toute cotisation ultérieure et devenir *membres à vie*.

Douze *membres honoraires*, choisis parmi les sommités de la science entomologique, reçoivent, sans cotisation, toutes les publications de la Société.

La Société admet, comme *membres associés*, des jeunes gens depuis l'âge de 15 jusqu'à 25 ans. Ils sont reçus par le Conseil d'administration, sur la présentation de deux membres effectifs. Ils n'ont à acquitter qu'une cotisation de *cinq francs* par an, payable *anticipativement*, et ils ne reçoivent que les comptes rendus des séances. Ils peuvent assister aux séances, ainsi qu'aux excursions. Ils peuvent consulter, mais non emprunter, les ouvrages de la bibliothèque. Même avant d'avoir atteint l'âge de 25 ans, ils peuvent, s'ils le désirent, devenir membres effectifs aux conditions requises.

Les instituteurs primaires, les professeurs de l'enseignement normal et de l'enseignement moyen sont également admis, sans aucune limite d'âge, parmi les *membres associés*, à la cotisation de cinq francs.

Il en est de même des fils ou frères d'un membre effectif, habitant la même maison.

On peut aussi, sans devenir membre, s'abonner aux comptes rendus, moyennant la somme de cinq francs, payée au commencement de l'année.

Pour tous renseignements, s'adresser au Secrétaire ou aux autres membres de la Société.

Conseil d'administration en 1883.

MM. le baron E. DE SELYS-LONGCHAMPS, *président*, boulevard de la Sauvenière, nº 34, à Liége.

J.-B. CAPRONNIER, *vice-président*, rue Rogier, nº 251, à Schaerbeek.

A. PREUDHOMME DE BORRE, *secrétaire*, rue de Dublin, nº 19, à Ixelles.

E. FOLOGNE, *trésorier*, rue de Namur, nº 12A, à Bruxelles.

A. LALLEMAND, rue Berckmans, nº 12, à Saint-Gilles.

W. ROELOFS, chaussée de Haecht, nº 218, à Schaerbeek.

R. WEINMANN, rue Berckmans, nº 36, à Saint-Gilles.

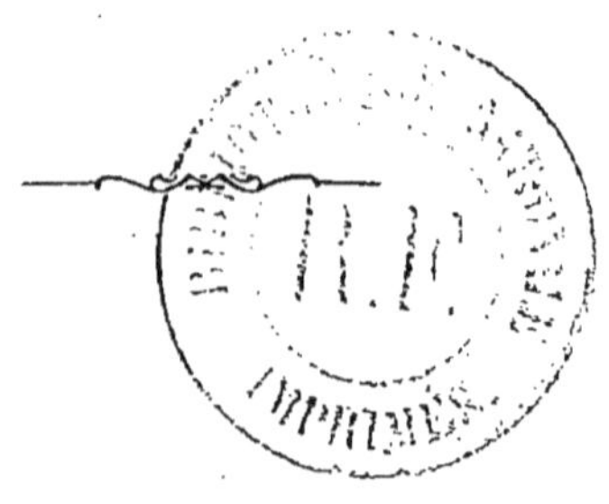

www.ingramcontent.com/pod-product-compliance
Lightning Source LLC
Chambersburg PA
CBHW051541050726
47595CB00002B/582